U0292069

韩玉林　窦　逗　原海燕　主编

盆景艺术基础

第二版

化学工业出版社

·北京·

内 容 简 介

《盆景艺术基础》从盆景的基础知识入手，通过盆景实例详细讲解了盆景艺术的知识。全书共分为 8 章，分别介绍了盆景的基础、盆景分类、盆景工具和材料、树桩盆景、山水盆景、树石盆景、其他类型盆景及盆景的题名与赏析等内容。全书图文并茂，文字说明能更好地帮助读者理解，并提高读者的兴趣，更好地理解盆景艺术。

本书可用作园林相关专业的教材、培训教材使用，也可供盆景爱好者自学使用。

图书在版编目（CIP）数据

盆景艺术基础/韩玉林，窦逗，原海燕主编 . —2
版 . —北京：化学工业出版社，2021.8
　ISBN 978-7-122-39116-2

Ⅰ.①盆…　Ⅱ.①韩…②窦…③原…　Ⅲ.①盆景-
观赏园艺　Ⅳ.①S688.1

中国版本图书馆 CIP 数据核字（2021）第 087335 号

责任编辑：袁海燕　　　　　　　　　　　装帧设计：刘丽华
责任校对：边　涛

出版发行：化学工业出版社（北京市东城区青年湖南街 13 号　邮政编码 100011）
印　　刷：三河市航远印刷有限公司
装　　订：三河市宇新装订厂
787mm×1092mm　1/16　印张 13½　字数 329 千字　　2021 年 10 月北京第 2 版第 1 次印刷

购书咨询：010-64518888　　　　　　　　售后服务：010-64518899
网　　址：http://www.cip.com.cn

凡购买本书，如有缺损质量问题，本社销售中心负责调换。

定　　价：58.00 元　　　　　　　　　　　版权所有　违者必究

《盆景艺术基础》第二版
编写人员

主　　编　　韩玉林　　窦　逗　　原海燕

参　　编　　韩玉林　　窦　逗　　原海燕　　张淑鑫

　　　　　　夏　欣　　蒋　彤　　白雅君　　王红微

　　　　　　竭继亮　　栾秀菊　　程　惠　　刘文明

　　　　　　白海君　　张立坤　　王玉宏

前言 <<< ———

　　盆景是我国传统园林艺术之一,是用植物、山石、附件等,经过艺术构思,合理布局,将其浓缩于盆中创造自然优美的景色来表达人们情感的一种造型艺术。盆景源于自然,但又高于自然,故人们常把它誉为"立体的画,无声的诗,凝固的音乐,有生命的艺雕"。我们在谈及盆景创作和艺术欣赏时,常常把"意境"作为衡量盆景艺术美的一个最为重要的标准,因为盆景艺术的意境表达过程是自然美、社会美、艺术美有机结合的过程。美的意境自然应该成为盆景艺术创作中自觉追求的目标。

　　近年来,随着我国科学技术和经济建设的突飞猛进,人们生活水平不断提高,更多的人加入到盆景的创作和赏玩之中,盆景艺术得到了前所未有的发展和提高。由地域形成的流派特点逐渐减弱,取而代之的是造型构成更加多样,艺术形式更加丰富,艺术趣味更加自然,思想内容更加深刻。当今,中国盆景正处于从恢复、普及阶段走向发展、成熟阶段时期,盆景创作队伍日益扩大。然而,在外来盆景文化的冲击下,部分盆景从业者在盆景创作上急功近利、求快取巧,在一定程度上给中国盆景的发展带来了不利影响。中国盆景有着优秀丰富的文化底蕴,但是也不能墨守成规,否则我们的盆景艺术将会停滞不前。中国盆景的发展应当植根于中国优秀传统文化,在创新发展中保留和发扬其优秀部分,不断求精、出新,逐步完善并展现中国盆景特有的民族文化和气韵。为了更好地服务盆景从业人士和有意从事和赏玩盆景的学习者,我们对《盆景艺术基础》进行修订和完善。

　　《盆景艺术基础》第二版主要讲解了盆景的基础、盆景分类、盆景工具和材料、树桩盆景、山水盆景、树石盆景、其他类型盆景、盆景的题名与赏析等内容。全书以文字为主,辅以图片说明,形象直观,利于提高读者的兴趣,同时具有很强的指导性和可操作性。书中内容由浅入深,体系比较完整,表达通俗简练,能帮助读者更好地理解盆景艺术。

　　本书可被用作相关院校培训教材使用,也可供盆景爱好者自学使用。限于作者水平及阅历,加之编写时间仓促,书中疏漏之处在所难免,敬请广大读者批评指正并提出宝贵意见。

编者
2021 年 3 月

—>>> 第一版前言

盆景艺术起源于中国，经过漫长的发展历程，受地理、气候、文化艺术和风土人情的影响，形成独特的艺术风格和具有地方特色的流派。中国盆景历史悠久，源远流长，从萌芽、产生、发展、兴盛，始终沿着崇尚自然的道路发展。特定的历史条件和自然环境以及古代美学思想的深刻影响，决定了中国盆景的形成和发展，也决定了盆景成为中国艺术瑰宝中的重要组成部分，并在漫长的历史进程中不断自我完善，达到了艺术的高峰，形成了一个博大精深而又源远流长的艺术体系。

中国盆景，被誉为"无声的画，立体的诗"。盆景是在"源于自然，高于自然"的艺术思想指导下，以树木、山石等为素材，经过艺术处理和精心培养，在盆中集中地再现典型大自然神貌，将树石、盆钵融于一体的艺术品。中国盆景以其鲜明的民族特色，古雅的艺术风格而驰誉世界。

盆景艺术是一种造型艺术，它靠形象的魅力去感染观者，在应用的过程中盆景造型不断丰富、不断创新，无论是树桩盆景或是山水盆景都出现了大量的新颖造型，尤其是随着我国经济的不断发展，人民生活水平的不断提高，对盆景需求量增加，对盆景的质地要求越来越高，极大地促进了盆景事业的发展。同时，现代科技工艺也应用于盆景的创造，如与喷雾技术结合来表现如深山大壑般沐浴雾中的山水盆景。

《盆景艺术基础》主要讲解了盆景的基础、盆景分类、盆景工具和材料、树桩盆景、山水盆景、树石盆景、其他类型盆景、盆景的题名与赏析等内容。全书以文字为主，辅以图片说明，形象直观，利于提高读者的兴趣，同时具有很强的指导性和可操作性。书中内容由浅入深，体系比较完整，表达通俗简练，可帮助读者更好地理解盆景艺术。

本书由江西财经大学艺术学院韩玉林教授、南京金埔园林股份有限公司设计院窦逗和江苏省中国科学院植物研究所原海燕博士主编。温桂兰和王婷绘制了部分插图。参加编写的人员还有张淑鑫、夏欣、蒋彤、白雅君、王红微、竭继亮、栾秀菊、程惠、刘文明、白海君、张立坤。

本书可被用作园林相关专业教材、培训教材使用，也可供盆景爱好者自学使用。限于编者水平及阅历，加之编写时间仓促，书中疏漏之处在所难免，敬请广大读者批评指正并提出宝贵意见。

本书在编写的过程中参考了大量的有关著作、网站和资料，已全部列入参考文献之中，在此向有关作者表示感谢。

编者
2015 年 1 月

1 盆景的基础

2 盆景分类

3 盆景工具和材料

6 树石盆景

1 盆景的基础

1.1 盆景定义

盆景是我国优秀的传统艺术之一。盆景是在我国盆栽、石玩的基础之上发展起来的，是以花草、树木、山石、土壤和水等为基本材料，以自然山水为蓝本，经匠心布局、精心养护管理、整形修剪及艺术加工处理，在咫尺空间中体现出自然山川的神貌和园林艺术之美，并借以表达作者思想感情的艺术品。盆景是一种具有生命的艺术品，是自然美和艺术美的有机结合。盆景材料本身即是自然产物，除具有天然神韵外，还通过植物赋予盆景以生命的特征及四季变化。盆景具有缩龙成寸、小中见大的艺术效果和深远的意境，是一幅优美的缩小版写意山水风景。因此，人们把盆景誉为"立体的画"和"无声的诗"。

盆景艺术源自中国。1972 年在陕西乾陵发掘出建于 706 年的唐代章怀太子墓甬道东壁绘有侍女手托盆景的壁画，是迄今所知的世界上最早的盆景实录。在宋代，盆景已发展到较高的水平，当时的著名文人如王十朋、苏东坡、陆游等都对盆景作过细致的描述和赞美。元代高僧韫上人制作小型盆景，取法自然，称"些子景"。到明清时期，盆景艺术更加兴盛，已有许多关于盆景的著述问世，"盆景"一词即出于明代屠隆所著的《考槃馀事》。树桩盆景由中国传入日本后，被称"盆栽"。并在 19 世纪初通过伦敦的一次展览会而传到西方，在第二次世界大战后始在欧美流行，并音译为"bonsai"。

1.2 盆景的价值

1.2.1 艺术价值

盆景作品具有很高的艺术价值，观赏盆景能够陶冶情操，提高人们的艺术修养。当人们看到浓缩在盆钵中的佳山丽水、五彩缤纷的大自然美景时，就如同领略名山大川、崇山峻岭、悬崖峭壁；当人们看到盆景中"缩龙成寸"的参天大树、刚劲矫健的松树和姿态各异、迎风傲雪的梅花时，不仅会被其坚贞、高洁的形象所打动，更会激发民族自豪感，使欣赏者更加热爱祖国的锦绣山河，更加珍爱生活，甚至能够达到净化心灵的效果。盆景使人们有

"不移寸步"就能"遍游天下"的感觉，从而得到自然美的享受。

随着物质文明和精神文明的建设，盆景艺术在人们的生活中已越来越显示出它的优越作用。在各城镇的园林单位和庭园、公园、小游园、公共绿地，以及疗养院、宾馆、住宅等处，都可见到盆景的陈设，它几乎已成为美化环境不可缺少的一种园林设施。

盆景作为高等艺术，是一种珍贵的、优美的艺术品，具有很高的艺术观赏价值。它的艺术价值取决于作品本身的艺术造型、创作技艺以及所包含的艺术境界。盆景艺术还代表着我国造园艺术的发展水平，我国盆景在国际展出中占有重要地位，博得了各国朋友的高度评价和赞赏。

1.2.2　实用价值

盆景不但具有很高的艺术价值，而且具有非常多的实用价值。

（1）改善环境，美化生活

盆景可以装点室内外环境，起到净化空气、美化环境以及提高生活质量的作用。

植物盆景可进行光合作用，吸收 CO_2，放出 O_2；松树、柏树以及银杏等桩景能够吸收低浓度的有害气体，并且分泌杀菌物质，使空气新鲜清洁；植物的绿色能保护眼睛，可调节视神经疲劳。植物盆景与山水盆景都有一定的降温补湿作用，还可减少辐射热，使人感到舒适宜人。

在工作之余，欣赏一下盆景，是生活中一种很好的调剂，能够起到缓解疲劳、调节身心的效果，对于身心的健康十分有益。如果能亲手制作盆景，欣赏自己的辛勤劳动成果，有无穷的乐趣，而且还能增长许多科学知识。

（2）陶冶情操，怡人身心

优秀的盆景作品，能振奋人们的精神，欣赏盆景能陶冶情操，提高人们的艺术修养，培养人们热爱生活、热爱大自然、热爱祖国锦绣河山的高贵品质。就如当我们看到千姿百态的黄山奇峰和山清水秀、突兀峥嵘的桂林山水时，往往会更加热爱祖国的锦绣河山，热爱我们的生活，提高我们的民族自豪感。

唐代诗人白居易曾赋诗赞誉盆景："泉石磷磷声似琴，闲眠静听洗尘心；莫轻两片青苔石，一夜潺湲直万金。"而这里所说的"万金"除指盆景的经济价值之外，还有其修养身心、净化心灵的精神含义。盆景的千姿百态、神韵含蓄，会使人遐想、神游，让人感到寒冬似春，六月忘暑。欣赏盆景是一种美的享受，可以丰富人们的精神生活。在室内陈设盆景，使人顿觉生趣盎然；斗室之中，能领略到旷野林木的景色，自然山水的风貌，令人心旷神怡而豪情满怀，既陶冶了性情，又增进了艺术的素养。

（3）科普教育，效益显著

盆景是一门综合艺术，集园林设计、栽培技术、书法、绘画、雕塑等技艺于一身，其自身就是一部活教材。要从事盆景创作，就要了解及认识各种植物、山石以及盆钵等素材；要养好盆景，必须熟悉植物的生长发育规律，及对水、肥、气、热等条件的需求，还要掌握一套制作、造型及栽培养护管理等技术措施，因地、因时、因材制宜，否则就不会培育出有价值的盆景。盆景的制作及养护修剪过程，可以使人养成热爱劳动的习惯，培养人的毅力，增强责任心，同时可以普及科学知识。

盆景还具有较高的经济价值，不能单纯为艺术而艺术，只有走商品经济，特别是外向型经济的道路，盆景艺术生产力才能得到解放，盆景艺术才会发展提高，才会有光辉灿烂的发展前景。近年来，国内许多地区都建立了盆景生产基地，生产各类盆景，使盆景生产的数量越来越多，质量也越来越高，不仅在国内市场能够满足盆景爱好者的需求，而且还畅销到东

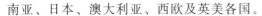

南亚、日本、澳大利亚、西欧及英美各国。

盆景的经济价值高不封顶，效益显著，盆景作品中融入了制作者大量的汗水、时间、智慧以及心血，每件盆景作品都没有可重复性，可谓是独一无二的，其本身的价值同盆景的素材、盆钵及造型和技法密切相关。因此自古以来，盆景就有"一拳突兀值千金"之说。

（4）发展旅游，促进交流

作为我国传统园林艺术的一个分支，盆景以独特的艺术魅力向世界展示了中华民族的悠久历史和灿烂的文化底蕴。我国的盆景艺术已经得到了越来越多外国朋友的青睐，并多次在同世界各国进行盆景文化艺术交流的过程中获奖，为祖国赢得了荣誉。在国际交往中，盆景还可以作为馈赠礼品，对增进我国人民同世界各国人民的友谊，起着十分积极的作用。

盆景对发展旅游事业也起到了促进作用。目前不少城市公园及风景名胜区开辟了专门的盆景园，如沈阳世博园中的盆景园、南京中山植物园中的盆景园、苏州虎丘中的万景山庄等，都陈设了各种盆景艺术精品，吸引了大批国内外游客前往观赏，极大地促进了旅游事业的发展。

1.2.3　文物价值

盆景素材既有珍贵的古树名木，又有精工细作且又古老的盆钵和几架，均具有一定的文物价值及较强的纪念性。因此，既是一种艺术作品，又是一种有生命的文物，是我国历史文物宝库中的珍品之一，具有很高的保存价值。

1.3　盆景的简史

1.3.1　盆景的起源

中国是世界四大文明古国之一，有着悠久的历史。1977 年，考古工作者在浙江省余姚县河姆渡新石器时期（距今 6000 余年）遗址中，挖掘出一片绘有盆栽植物的陶片，其画面显示，盆内生长着一株有五个叶片的植物。

在河北省望都县东汉墓壁画中，有一个盆栽花卉的画面：在一个圆形盆中栽着六枝红花，盆下配以方形几架，形成植物、盆钵以及几架三位一体的艺术形象，如图 1-1 所示。这幅 1800 多年前的绘画图形，与现在的盆景极为相似，可以说这就是盆景的前身了。

图 1-1　东汉墓壁画中盆栽花卉摹本

南北朝时期梁代萧子显在《南齐书》中记载："会稽剡县刻石山，相传为名。"是说在会稽剡县制作的工艺品刻石山，人们相互传颂很有名气。从这一记载中我们可以看出，这一时期的山水盆景，已经有了一定程度的发展。

关于盆景的起源年代，众说纷纭，目前尚无定论。

1.3.2　盆景艺术的形成

唐代（公元 618—907 年）是我国封建社会的兴盛时期，在文化艺术方面也取得了辉煌成就，盆景艺术逐渐形成并且有了一定的进展。1972 年在陕西乾陵发掘的唐高宗李治之子李贤（即章怀太子，葬于公元 706 年）墓内有两幅壁画，其中一幅是一侍女双手托一浅盆，盆中有假山与小树（图 1-2）；而另一幅则是一侍女手持莲瓣形盘，盘中有树，上有绿叶红果。另外，故宫博物院收藏的唐代画家阎立本的《职贡图》中也绘有一人手托浅盆，并且盆中有一块玲珑剔透的山石（图 1-3）。据唐人冯贽《记事珠》一书中记述："王维以黄磁斗贮兰蕙，养以绮石，累年弥盛。"这些都说明在唐代盆景作为一门造型艺术已开始形成。王维是诗人兼画家，北宋苏轼认为他"画中有诗，诗中有画"，难怪他能制出富于"诗情画意"的盆景来。"贮兰蕙，养绮石"，这同现代的水石盆景极为相似。

图 1-2　唐代章怀太子李贤墓的甬道东壁上，有侍女手捧盆景的壁画局部　　　　图 1-3　唐代画家阎立本绘的《职贡图》局部

此外，唐代亦不乏吟咏盆景的诗词，如在白居易《双石》中写道："苍然两片石，厥状怪且丑"，"峭绝高数尺，坳泓容一斗"，这是指较大型的盆景。诗人李贺曾作一首《五粒小松歌》，歌中道："绿波浸叶满浓光，细束龙髯铰刀剪"，可见当时已开始对树木盆景进行修剪加工及矮化栽培了。另外，白居易的《太湖石》诗："烟萃三秋色，波涛万石痕，削成青玉片，截断碧云根。风气通岩穴，苔文护洞门，三峰具体小，应是华山孙。""云根"就是石头，可见当时已有截石造景的方法。

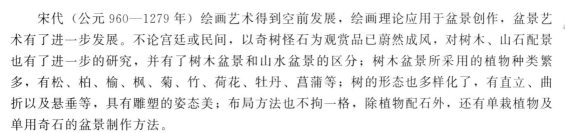

宋代（公元960—1279年）绘画艺术得到空前发展，绘画理论应用于盆景创作，盆景艺术有了进一步发展。不论宫廷或民间，以奇树怪石为观赏品已蔚然成风，对树木、山石配景也有了进一步的研究，并有了树木盆景和山水盆景的区分；树木盆景所采用的植物种类繁多，有松、柏、榆、枫、菊、竹、荷花、牡丹、菖蒲等；树的形态也多样化了，有直立、曲折以及悬垂等，具有雕塑的姿态美；布局方法也不拘一格，除植物配石外，还有单栽植物及单用奇石的盆景制作方法。

故宫博物院现珍藏的宋画《十八学士图》四幅，其中两幅均画有松树盆景，其形"盖偃枝盘，针如屈铁，悬根出土，老本生鳞，已俨然数百年之物"。

宋代文学家、书画家苏东坡，在其《双石》词的引中说："至扬州，获二石，其一绿石，冈峦迤逦，有穴达于背；其一玉白可鉴。渍以盆水，置几案间……"又有诗云，"五岭莫愁千嶂外，九华今在一壶中。""试观烟雨三峰外，都在灵仙一掌间""我持此石归，袖中有东海……置之盆盎中，日与山海对"。又据《墨庄漫录》载，苏轼曾得一黑石白脉，做一大白石盆以盛之，激水之上，并为其命名为"雪浪斋"。这些不仅写出诗人、画家对盆景的爱好，而且还反映出当时这些山水盆景的完美意境及作品的高超艺术水平，并有了盆景的题名。

大文学家、书法家黄庭坚得一块绝美的"云溪石"，曾作诗曰："造物成形妙画工，地形咫尺远连空。蛟鼍出没三万顷，云雨纵横十二峰。清坐使人无俗气，闲来当暑起清风。诸山落木萧萧夜，醉梦江湖一叶中。"可见当时盆景运用了"咫尺千里、小中见大"的艺术手法，并且意境深远。可谓"移天缩地、盆立大千"。

宋代不仅有山水盆景，对山石的研究也很突出，并且有专著，如杜绾的《云林石谱》中所记载有石品116种之多，对各种石头的产地、采集方法以及供作盆景的石种均有了比较详细的论述。

元代（公元1279—1368年）统治时期较短，由于当时比较崇尚武功，对文化艺术重视不够，盆景艺术的发展也受到影响。但当时有位高僧，法名韫上人，他云游四方，出入名山大川，十分擅长各种盆景的创作技法。受山水画影响，他制作的盆景当时被称为"些子景"（即小型景致，些子：小的意思），其特点是师法自然、小中见大，颇有画意。

画家饶自然在其所著的《绘宗十二忌》中，通过中国山水画理论，精辟地论述了山水盆景的制作及用石方法，对盆景造型起到一定的指导作用。另外，李士纤所绘《偃松图》，是一幅艺术精品，其松树体态，抱石而偃，结构布局，为后人制作松树盆景提供了十分有益的启示。

唐、宋、元三个朝代为盆景形成时期，至元代虽然还未正式出现"盆景"叫法，但作为一门比较完整的艺术已经形成。这个时期盆景具有以下几个特点：

① 对盆景出现了许多叫法如"盆栽""盆池""假山"以及"些子景"等；

② 出现了较多的盆景种类和形式，有山水、植物以及石玩等，还出现了附石式盆景；

③ 植物盆景有了人工剪扎等造型技巧，山水盆景采用了选石、洗刷、雕凿以及截割等加工工艺；

④ 盆景布局讲究意境的营造，师法自然，采用了"小中见大"的艺术手法。

1.3.3 盆景艺术的发展

盆景艺术在明代（公元1368—1644年）有了较大的发展，盆景之风已相当盛行，并且注重和讲究画意，形成了各具特色的地方风格。明代有关盆景制作的论著，如屠隆《考槃馀事》、吴初泰《盆景》、王鸣韶《嘉定三艺人传》、文震亨《长物志》、诸九鼎《石谱》、林有鳞《素园石谱》、王象晋《群芳谱》等相继出现。对盆景的取材、选材以及制作都有比较详尽的叙述。

据黄省曾在《吴风录》中提道："吴中富豪竞以湖石筑峙，奇峰阴洞，至诸贵占据名岛以凿，凿而嵌空妙绝，珍花异木，错映阑圃。虽闾阎下户，亦饰小小盆岛为玩。"可见当时盆景制作已相当普遍，随着传统园林艺术的发展，盆景已经进入寻常百姓家。如明代《仕女图》中庭院内玲珑剔透的树石盆景。

正式出现盆景的叫法，是在屠隆《考槃馀事》的"盆玩篇"，并且其中将大小盆景的应用及配置艺术写得更为详细："盆景以几案可置者为佳，其次则列之庭樹中物也。"这与当前趋向于发展小型、微型盆景是相一致的。该书中"更有一枝两三梗者，或栽三五窠，结为山林排匝高下参差，更以透漏窈窕奇古各石笋安插得体，置诸庭中，对独本者，若坐岗陵之巅，与孤松盘桓；对双本者，似入松林深处，令人六月忘暑。"这段阐述显然是对单干式、双干式、多干式或者合栽式盆景作了诗情画意的描述。"似入松林深处，令人六月忘暑"的绝妙佳笔，充分说明了盆景制作者高深的艺术修养及精湛的制作技巧。

明代盆景还重视剪扎造型技法，陆廷灿在《南村随笔》中也提道："邑人朱三松摹仿名人图绘择花树修剪，高不盈尺，而奇透苍古具虬龙百尺之势，培养数十年方成或有愈百年者栽以佳盎……三松之法，不独枝干粗细上下相称，更搜剔其根，使屈曲必露，如山中千年老树，此非会心人未能遽领其妙也。"王鸣韶《嘉定三艺人传》中就有"将小树剪扎供盆盎之玩，一树之植几年至十年……后多习之者"的记载。这说明当时对树桩盆景的枝、干以及根等扎剪造型艺术颇有独到之处。

文震亨所撰《长物志》中的"盆玩篇"："……又有古梅，苍藓鳞皴，苔须垂满，含花吐叶，历久不败者……又有枸杞及水冬青、野榆、桧柏之属，根若龙蛇，不露束缚锯截痕者，俱高品也。"可见明代盆景之讲究雕塑、结扎等制作技艺，并追求天然之趣。

清代（公元1644—1911年）盆景艺术更加丰富多彩，形式多样。不仅有文字记载，而且还有不少文人墨客给盆景赋诗作词。最为后人所传诵的莫过于两首《小重山》词。一首词为浙西派诗人龚翔麟所填："三尺宣州白狭盆。吴人偏不把、种兰荪。钗松拳石叠成村。茶烟里，浑似冷云昏。丘壑望中存。依然溪曲折，护柴门。秋霖长为洗苔痕。丹青叟，见也定销魂。"而另一首则是浙西派诗人李符所写："红架方瓷花镂边。绿松刚半尺、数株攒。斸云根取石如拳。沉泥上，点缀郭熙山。移近小阑杆。剪苔铺翠晕，护霜寒。莲筒喷雨算飞泉。添香霭，借以玉炉烟。"这两首词咏的都是松树盆景，不但风韵清新，并且对松林的藏景配景及养护管理方法都作了描绘。

康熙年间，陈淏子所著的《秘传花镜》为一部园艺专著。在"种盆取景法"一节，专门对盆景用树的特点和制作经验进行了描述。特别提出："盆中之保护灌溉，更难于园圃；花木之燥、湿、冷、暖，更烦于乔林。"

李斗所著《扬州画舫录》一书中提到，在乾隆年间扬州已有花树点景及山水点景的创作，并有制成瀑布的盆景。因为广筑园林及大兴盆景，彼时扬州，真可谓"家家有花园，户户养盆景"。当时苏州还有一个名为"离幻"的和尚，擅长制作盆景，往往一副盆景就价值百金。当时就认为盆树要露根造型才美。

嘉庆年间，五溪苏灵著有《盆玩偶录》二卷，书中将盆景植物分为"四大家""七贤""十八学士"以及"花草四雅"。

总的来说，明、清时期的盆景有了更进一步的发展，这个时期盆景的特点是：

① 正式出现盆景的叫法；

② 盆景制作技艺有了显著提高；

③ 盆景种类繁多，山水盆景除旱盆景、水盆景以及水旱盆景之外，还出现了瀑布盆景；而植物盆景则出现了观叶、观花以及观果等不同种类。

1.4 盆景美学与艺术

1.4.1 盆景美学概念

在有关盆景书籍中，经常会提到盆景美、根艺美、自然美、石玩美、艺术美等，但到底美是什么？似乎不曾有人系统地论述过。其实，在研究盆景美学、根艺美学、石玩美学之前，应该首先回答"美是什么？"这个基本概念及基本理论问题。由于美是最核心的美学概念和最重要的美学范畴，因此美的定义是美学中一个基本理论问题。

（1）对美的几种认识

① 认为美是劳动、生活、斗争、形象、矛盾、事物属性、典型、自然以及形式等客观存在的人们，其错误之处是将美的概念和美的事物或把美和美的源泉（美源）等同起来混为一谈（即美＝美源），因此将美看成不依人的意志为转移的客观事物了，这实际上是所答非所问，他们等于否认了美是属于意识形态、属于第二性的范畴，很显然，这是对美的定义的一种误解。

② 美是主客观统一的学说，是朱光潜先生提出来的，但是怎样"统一"呢？最后还是统一到美是"物的形象"或艺术特性上，始终没有跳出美是客观存在的圈子。这与他的美是第二性的、意识形态性的论述是自相矛盾的。因此，朱先生对美的定义带有折中主义色彩，给人以似是而非的印象。"美，如果要给它找到一种理想，就必须不是空洞的，而是被一个具有客观目的性概念确定的美"（康德）。

③ 认为美是快感的人们，其错处就在于只把感性美看做美的全部，对美的认识只停留在感性阶段，犯了经验主义的错误。所以他们对别人的经验和人类对美的认识经验以及美的规律缺乏认识或持否定态度。

④ 美是理念、理式，或美是上帝创造的观点，属于形而上学及唯心主义。美是意境，就中国诗画而言，有其正确的成分，但范畴太窄了，未能概括美的全部意义。所谓"意境"，又指"心境"，乃是相对于"物境""色境""外境"即对象世界而言。所以所谓'意境'其实就是指主体内心的理想境界，但这种思想境界受到外界的影响而引起共鸣，就产生了意境。盆景艺术对意境的特征表现，通常是从艺术表现的方面去展开阐述，而盆景美学的分析，则具有从意境等特征表现相关概念的内在关联上作理性归纳的特点。

⑤ 与神化论者一样，不可知论将人们对美的认识推到了死胡同。

（2）盆景美的创造

中国盆景艺术的美学特点是虚实相生，藏露得当，刚柔相济，求雅脱俗，形神兼重，十分讲究含蓄美，朦胧美，意境美。而盆景美需要通过各种盆景艺术手法创造出来。

盆景创作讲究以实景托虚景，虚实结合，虚实的关系处理得当，会使盆景的意境更美，更高远。虚实要巧妙结合才能相得益彰，以虚寓有，以无胜有，这是我国传统艺术的表达手法，这在盆景中更显重要。意境创造上，应该追求虚中有实，实中有虚，终而达到"虚实相生"。盆景中的景物不可全部遗露在外，而应"露中有藏"，以引起观者丰富的联想，从而有利于意境的再创造。因此，虚实是经营位置中的一个重要的艺术处理方法，它给人以"言有尽而意无穷"的艺术效果，对盆景意境的产生有非常重要的意义。

优美的盆景作品，要做好"主次分清，重点突出"，应该采取各种对比和烘托的手法，使主体突出。主次在盆景中的取势中非常重要，在形象组合中要有主次之分，一般是主要处理在景中突出的位置，也可破格在边上，但气势上要集中在主景上，它能使观赏者视觉集中于精彩的主景。怎样处理好主次，关键在配合上要做到主不欺次，次要让主，这在树桩盆景和山水盆景的创作上都很重要，最终使整个盆景的造型在态势上自成一局。对盆景的态势要求十分严格，最忌四平八稳，需注意取势导向；即有意识地布置出动势，以达到"主次分明，动静相衬"，使作品显得生动而有气势。

疏密和层次则是对盆景定形枝干布置及山石布局极为重要的方面。一般桩景应上密下疏，枝在杆上的分布也应有疏有密，不可千篇一律，可使整个作品在形式上富于变化；下部枝干比上部要大，而空间相距也大，而在伸远大枝的对侧以上则枝多密，这样错落有致，使整个造型张弛适度，形象高大。山水盆景亦是如此，通过疏密有致和高低错落的山石布置形成不同的层次和景深，以达到高远和深远的变化，使之"有限变无限，有界变无界"的景致和"引人入胜，令人遐思"的意境效果。

在盆景制作中，藏可蓄起势头，强化悬念，激发欣赏者的想象力，产生高远的意境，故在创作时往往出现有的地方藏比露好，表达的内容更多、更深、更远，如果没有藏则缺乏韵致，难以诱人深思。故藏露有机结合才能深化主题，突出意境，出现"犹抱琵琶半遮面"的艺术效果。

中国盆景素以诗情画意见长，优秀的作品耐人寻味，引人深思。要产生这种艺术魅力，就必须遵循一定的艺术创作原则，灵活运用艺术辩证法，处理好景物造型中的各种矛盾，达到既多样又统一的效果。盆景中景物的形体或色彩，应有轻有重，同时要形成不对称的均衡，这就是"轻重相衡"。盆景中景物的比例安排，要做到相互"顾盼呼应"，才能有机地结合在一起。

自然界枯荣并存。在盆景中，也常常通过"枯荣对比"象征生命与死亡的抗争，并从中显示生命的活力。通过"情景交融"，即盆中的一山一水，一草一木，都应该凝聚着作者的思想感情和美学造诣，使观者能触景生情，从有限的景物中产生无限的联想。

1.4.2　盆景艺术特点

概括起来讲，盆景艺术有以下属性或特点。

（1）盆景艺术的世界性

盆景是我国造园艺术中的瑰宝，目前已成为一种世界性艺术。美国、德国、意大利以及泰国等许多国家均掀起了一股盆景热。据不完全统计，世界上现在至少有 30 个国家和地区掀起以盆景为内容的热潮，特别是老年人和家庭主妇尤为喜好。世界上盆景团体也逐渐增多，比如美国有 300 多个，澳大利亚 100 个，法国 130 个。如果说，在过去，我国盆景艺术主要是通过日本才在世界得以流传的话，那么今天则对许多国家都发生了直接的影响，并且随着改革开放步伐的深入而不断扩大。

（2）盆景艺术的边缘性

盆景艺术与许多艺术有联系，所以如同其他边缘学科一样，叫做边缘艺术。那么，它和哪些艺术、技术有联系呢？归纳起来有以下几种。

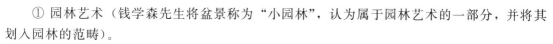

① 园林艺术（钱学森先生将盆景称为"小园林"，认为属于园林艺术的一部分，并将其划入园林的范畴）。

② 文学艺术，盆景的立意和命名，都与诗词、典故有着密切的关系。

③ 绘画艺术，盆景创作与欣赏都离不开绘画理论。

④ 雕塑艺术，特别是软石山水盆景的创作实际上就是雕塑出来的。

⑤ 陶瓷艺术，盆景用的盆钵、配件都属于陶瓷艺术。

⑥ 根雕艺术，盆景几架中一部分属于根雕艺术。

⑦ 园艺栽培技术。

⑧ 书法艺术，盆景展览陈设时总是配以书法艺术，用来点景，所以有人称盆景是"无声的诗，立体的画，活的雕塑品"。陈毅元帅则将盆景视为"高等艺术"。由此可见，盆景艺术的综合性是很强的。

（3）构图的复杂性

盆景不像绘画、照相那样，只在平面上构图。盆景是"立体的画"，是四维空间艺术（第四维空间是指时间要素，桩景随时间变化而变化。只不过不像电视、电影那么快）。此外，还要兼顾不同视野、视距的变化。不论苏派、扬派、川派、浙派、海派、徽派，还是岭南派，都特别注重立体空间构图，兼顾仰视、俯视、平视、正视以及侧视的观赏效果。特别是川派古桩盆景，在空间构图上更是颇费匠心。

（4）表现技巧的高度概括性

盆景艺术的艺术原理与园林艺术类似，但它是比一般园林小得多的微型景观，它就只能在很有限的小小盆钵中作文章，它不能像园林那样，以大地为纸作画，因此倘无高度的概括性是不能达到的。

（5）创作的连续性

盆景（尤其桩景）是有生命的艺术品，因此决定了盆景创作的技术性及连续性，桩景的生命过程即为桩景的连续创作过程。盆景不像一幅图画、一座雕塑，创作一经完成，便不再变更，树木的幼年、青年、壮年以及老年各个年龄阶段，其外部形态表现也完全不同，艺术效果也很不一样，所以决定了其创作过程也就连年不断地进行。例如现在陈设在扬州瘦西湖公园里的 300 余年的那盆古柏，相传是明末清初天宁古寺的遗物，不就等于创作了 300 余年了吗？即便是过去野外挖取的一盆普通的盆景，往往也得三年五载才能完成。一旦树桩死亡，它的艺术生命也即终结。

（6）美感的可变性

盆景给人的美感随着时间而变，一日朝夕而变，一年四季各不相同。此外，盆景还可以同舞台布景一样，创造特定的艺术环境，给人以特定的艺术感染，例如隆冬呈现春色，夏季呈现冬景，即便是几块石头摆法不一样，也会创造出不同的意境来。

（7）艺术风格的多样性

虽说盆景创作都是运用"小中见大""师法造化""缩龙成寸"等手法，都讲求诗情画意，但由于地域不同、风土人情及生活习俗不同、采用材料不同，再加上作者文化素养及性格各异，因此，在创作上形成了很多个人风格、地方风格以及艺术流派，所以在盆景的百花园里似乎比其他艺术更充满生机，更能够体现出百花齐放、百家争鸣的繁荣景象来。

（8）浓厚的趣味性

因为盆景是边缘艺术、高等艺术，所以它给予人们的欣赏趣味也是高级的、含蓄的、多层次的。盆景中自然景色的升华，也是诗情画意的再现，是现实主义同浪漫主义的结合；它所给予人们的美感既是自然的、具体的，又是艺术的、抽象的，所以，它比其他许多艺术形式有更高的艺术魅力，这也可能是许许多多的人为之废寝忘食的一个重要原因吧。

另外，盆景还有科学性及历史悠久性等特点。

1.4.3　盆景美的形态

通常说来，美的基本形态有 3 种：自然美、社会美与艺术美，见表 1-1。自然美为自然事物所具有的美；社会美为社会生活中的美；将自然美与社会美经过加工，成为真、善、美的统一表现即为艺术美。将自然美加以保存或加工改造或模仿在盆景中再现供人们享用，即为盆景美。如果列成一个简式，即

自然美＋社会美＋艺术美＝盆景美

具体分析，自然美又包括盆景树木自然美、水景自然美、山景自然美、生境自然美、盆钵自然美、几架自然美以及动物（包括人物）自然美。盆景艺术美则包括造型美、意境（诗情画意）美以及含蓄美。

表 1-1　盆景美的形态

盆景美	自然美		树木自然美（姿、形、色、香、韵）
			山景自然美（形、纹、色、质）
			水景自然美（光、影、声、动）
			盆钵自然美（质朴、协调）
			几架自然美（自然、大方、朦胧）
			动物自然美（小件充满活力）
	艺术美	造型美	优美（秀丽幽静、动律）
			壮美（险、雄）
		意境美	诗情
			画意
			含蓄美
	社会美		公而忘私的奉献精神
			推动生产力发展的创新精神
			表里如一的诚信精神
			融入集体的团队精神
			尊师重道，尊老爱幼
			言行举止文明

（1）盆景的自然美

盆景内自然景物的美即是盆景自然美。

① 盆景树木自然美。树木的根、干、枝、叶、花、果，均有其姿势、形态、颜色以及韵味，另外，花、果还有其香味，这些树木的天然属性构成了自然美的物质基础。人们常用姿态优美、悬根露爪、枯峰奇特、繁花似锦、花香袭人以及果实累累等美好的语言来形容它们，这都说明它们给予人们的美感是深刻的。

② 山景自然美。山峰或山石的自然形状、起伏、纹理（各种皱纹）、颜色、质地，这些

自然属性也能唤起人们的美感。如盆景中表现的桂林之山景、长江三峡之山景、云南石林之山景，都能给人以自然美的感受。

③ 水景自然美。水的波光倒影、山明水秀、水声"泉石磷磷声似琴"，都充满了自然美。

④ 盆钵自然美。盆钵虽是人工制造的产物，但仍保留着协调、质朴的自然美。

⑤ 几架自然美。规则形木制几架有木质的自然美（纹理、质、色、韵），天然树苑几架则更具备古朴、朦胧、稚拙、浑凝的韵味。

⑥ 动物自然美。除了艺术美之外，人物、动物配件仍不失其自然美。

自然美不仅在于其自然物的天然美感，还在于它是人的主观情感同思想意识作用于自然事物的结果，自然美也应该是人的本质力量的对象化。所谓人的本质力量的对象化，实质上讲的就是人与自然的关系。即人的本质力量体现在自然对象中，自然对象中体现了人的本质力量。这种体现了人的本质力量的对象，即马克思所说的"人化自然"。"人化自然"是人类社会发展的产物，是人与自然的关系发生根本性变化的历史结果。人们赞美梅花的色、香、姿、韵的同时，实际上是赞美人类自己，赞美在梅花这个客观存在的对象上所展开的本质力量：智慧、才能、思想、品格、感情以及蓬勃的生命力，也就是说自然美是自然美本质与社会本质之间的有机统一。

（2）盆景的艺术美

艺术美是社会美与自然美的集中、概括和反映，它虽然没有社会美和自然美那样广阔与丰富，可是因为它对社会美和自然美经过了一系列去粗取精、去伪存真、由表及里、由此及彼的加工制作功夫，除去了社会美的分散、丑恶、粗糙以及偶然的缺点，除去了自然美不够纯粹（美丑合一），不够标准的缺点，所以，它比社会美和自然美更纯粹、更集中、更典型，因而也就更富有美感。

① 造型美。造型美即盆景中的自然景物通过人工造型所体现出来的形式美。造型美分为优美型与壮美型。

a. 优美。也叫秀美（朱光潜）或柔性美，它给人以柔和愉快之感。如在盆景中表现的秀丽的峨眉天下秀，桂林山水和上海微型盆景的小巧玲珑以及苏派的清秀典雅和川派的婀娜妩媚等，都很优美。优美按其形态不同又可分为幽静美、动律美以及色彩美。盆景中寂静的夜晚、幽谷流泉，幽静的丛林、大海等，给人以心旷神怡的美感。比如作品《蝉噪林欲静》就充分体现了这种幽静美，它是借助听觉与想象给人一种幽静的美感。动律美，盆景中云雾缭绕，瀑布飞流，湖波荡漾，杨柳舞姿等，都有一种动律美。比如河南的三春柳盆景，婀娜多姿的柔枝随风飘曳，从枝条的起舞中反映出风的流动，春的韵律。又如作品《凤舞》，以静为主，动衬托静，给人以丰富的联想。色彩美，盆景中表现的万紫千红的花朵，绿油油的枝叶，金色的朝霞，均能给人以秀丽之美感。

b. 壮美。桩景中的苍松翠柏，山水盆景中的崇山峻岭、悬崖陡壁，都有给人一种阳刚之美，给欣赏者的是一种刚烈、激荡之感。

② 意境美。盆景意境就是指盆景作品中所描绘的自然和生活景象及内含的思想感情融合一致而形成的一种艺术境界。这种境界形神兼备，理趣无穷，情景交融，能使观赏者通过联想，在感情上、思想上受到感染。意境的深邃或肤浅是盆景作品成功与失败的关键所在。具有意境美的盆景作品耐人寻味，百看不厌，因为盆景作者在盆景创作过程中已经将自己的感情融化于景中，所以当观赏者进入这种美的感情的境界时，就能与盆景作者达到思想上的共鸣。

盆景艺术的最高境界是诗情画意，诗情画意是建立在画境、生境的基础上的，二者相互渗透。而在盆景创作中最难表现的就是诗情画意。

a. 画意。是指盆景具有绘画般的意境，作品看上去就是一幅活灵活现的立体的中国画。潘仲连的作品《刘松年笔意》《轩昂》等画意就非常浓厚。浓厚的画意来自于作者深厚的中国画功底，或者可以说它是作者绘画功底在盆景中的反映。

b. 诗情。是指盆景具有诗歌般的高深意境。达到了"景"中有诗、诗中有"景"、借景抒情、情景交融的艺术境界。比如作品《两岸猿声啼不住》《寒江独钓》《疏影横斜》《山间铃响马帮来》以及《野渡舟横》等盆景作品，其本身就是一首无声的诗。

c. 含蓄。中国盆景之美不似西方的袒胸露背的美，它所表现出来的美是含蓄的东方之美、非一览无余的美。这种含蓄它不仅表现在形式上，还表现在内涵上以及技法、题名上。

1.4.4　盆景形式美法则

美国哈姆林在《构图原理》一书中将形式美的问题谈得比较系统，但其中似乎缺乏一分为二的对立统一观点，比如只强调了统一、均衡、尺度、比例以及韵律等，而忽视了其对立面。而国内很多盆景专著，多数比较偏于中国画论中形式美的论述。在这里，我们试图来个中西合璧，并将统一、均衡……对立面双方结合起来，以求探出一条新的路子。盆景形式美法则包括统一与变化、均衡与动势、对比与协调、比例与夸张、尺度与变形、韵律与交错、个体与序列、规则与非规则、似与非似、透视与色彩。

（1）统一与变化

盆景艺术应用统一变化的原则是统一中求变化，变化中求统一的辩证法则。所谓统一指的是盆景中的组成部分，即它的材质、形状、姿态、体量、线条、色彩、皱纹、形式、风格等，要求有一定程度的统一性、相似性或者一致性，给人以统一的感觉。包括盆景艺术在内任何艺术的感受，必须具有统一性，这是一条长期为人们所接受的评论原则。假如将各种树木或各种石头摆在一个盆里，杂乱无章，甚至相互矛盾、冲突，那么，它就不是艺术品了，只能是一堆杂物。一般人都认为一件盆景艺术品的成功，很大程度上在于盆景艺术家能够把许多不同的构成部分取得统一，或者换句话说，最成功的盆景艺术品首先是把最繁杂的变化转成最高度的统一，只有这样才能够形成一个和谐的艺术整体。比如赵庆泉的作品《八骏图》，如图 1-4 所示，所用石头均是同一颜色同一纹理的龟纹石，树种主要是六月雪，八匹马小件都是广东石湾产的陶瓷，在造型、立意、技法以及风格上也都取得统一，所以给人以强烈的艺术感染力。因此，在制作盆景中，同一盆景，最好用同一个石头品种、同一个树种，务求一致。

图 1-4　八骏图

与统一相对立的是变化，变化是指统一中求变化。以《八骏图》为例，虽说其中所用树种都是六月雪，但有高低、直斜、大小、粗细以及疏密等变化，石料也有大小、位置的变化，八匹马的姿态也各不一样，有站、有行、有仰头、有卧等姿态的变化，所以整个画面又显得生机盎然、生动活泼。倘若不然，就一定会显得呆板、单调、无味。

对于变化中求统一，还有一个很好的例证，就是贺淦荪的《秋思》。在同一盆景中，他用了几个树种，可谓有变化了，他是怎样求得统一的呢？就是借助人工修剪的办法，把所有树木都剪成风吹式，将其用"风"统一起来，用《秋思》的意境将其统一起来，可谓高人一筹。

（2）均衡与动势

均衡中求动势，动势中求均衡，也就是所谓静中有动，动中有静。在观赏艺术中，均衡是一种存在于观赏客体中的普遍特性，在造型艺术中起着一定的作用，它在盆景的布局中，借助和谐的布置而达到感觉上的对称、稳定，能够使观赏者感到舒适愉快。均衡有两种，一种是规则的均衡（绝对对称），另一种是不规则的均衡。比如川派的方拐、对拐等，两边的枝片均是对称的，看上去有一种端庄、整齐之美，但似乎人们会觉得有些呆板。大多数情况下，盆景的均衡形式多会采用不规则的均衡形式，因为看上去显得更自然、活泼、生动，比如山水盆景中的偏重式、开合式属于典型的不规则均衡形式，树桩盆景中，比如很多丛林式，还有厦门风格的盆景，也属于不规则均衡的代表作。在不规则均衡形式中，虽不像"对称"中那样存在一条由树干组成的中轴线，但在人们的审美经验中，在审美主体的观念中总会有这样一条虚构的中轴线存在。在盆景设计中构成均衡的一些常用手法有以下几种。

① 用配件构成均衡，比如在树木或山石的另一边放一件动物或人物配件。

② 用盆钵与景物构成均衡。

③ 用树木姿态形成均衡。

④ 综合均衡法。

均衡的对立面就是不均衡，是动势感。盆景也很讲究动律，以表现"画面"的活泼、生动。求得动势感的方法有以下几种。

a. 对称物双方体量强烈对比。

b. 用树姿求得动律。

c. 配以水面。

d. 从山石走向、纹理求得。

e. 配以动物、人物的行动等。

中国画论中说："山本静，水流则动；石本顽，树活则灵"，讲的就是静中求动的道理。

（3）对比与协调

对比协调也是盆景中常用的法则之一。盆景艺术中可以从许多方面形成鲜明对比，比如聚与散、高与低、重与轻、大与小、主与宾、虚与实、明与暗、疏与密、正与斜、曲与直、藏与露、巧与拙、粗与细、起与伏、动与静、刚与柔、开与合……对比的作用通常是为了突出表现某一景点或景观，使之鲜明，引人注目。现代山水盆景，盆钵变得很薄，形成了山峰（垂直高度）同水面（水平直线）、盆钵横线的强烈对比，从而使景物（山峰）变得更加高耸，将景物突出出来。不宜多用对比的原则，"对比手法用得频繁等于不用。"盆景艺术也不例外。反倒是对比的对立面的统一即对比协调用得很多，比如刚柔相济、虚中有实、实中有虚、露中有藏、藏中有露，还有疏密得当、粗细结合、巧拙互用等，讲的都是对比协调，或者说是一分为二与合二而一的辩证统一。

（4）比例与夸张

所谓比例是指盆景中的景以及景物与盆钵、几架在体形上具有适当美好的相互关系。盆景中"缩龙成寸""小中见大"主要是通过比例关系来实现的。其中既包括景物本身各部分之间的长、宽、高、厚、大小的比例关系，又包括景物之间、个体与整体之间的比例关系，这种关系有时会用数字表示出来，比如中国画论中提到的"丈山、尺树、寸马、分人"。大多数情况并不一定用数字表示出来，而是属于人们在视觉上、经验上的审美概念。因此这种比例关系也是合乎逻辑的、必要的关系，同时比例还具有符合理智和视觉要求的特性。比如微型盆景，因为景物微小，所以只好配以微小盆钵和具有许多小格子的博古架，使人感到亲切合宜。大型盆景如《八百里漓江图》《万里长江图》，一个长 12 米，一个长 51 米，其中山石或朽木体量、数量就得相对地大和多，才能将漓江之秀丽和长江之雄伟、壮观表现出来。在实际创作中，有人在使用植物点缀上有时就忽略了"比例"这一点，本来作者本意是表现一座高山，但因为点缀植物叶子大小或体量大了，结果使山石与树木大小不相上下，将意念中的山变成了一块石头或一块小石头。所以，制作盆景中比例关系应认真推敲。

事物还有另一方面，也就是夸张的手法，盆景创作中为了表现某一特定的意境或主题，常常会打破常规比例，这种现象在树木盆景象形中十分常见，一般情况少用。

（5）尺度与变形

与比例密切相关的另一个特性就是尺度。盆景尺度是一种表现盆景正确尺寸或者表现所追求的尺寸效果的一种能力。在西方和在我们一些人心目中认为尺度是非常微妙而且难以捉摸的原则。其中既包括比例关系，还包括匀称、协调、平衡的审美要求，最重要的是联系到人的体形标准之间的关系以及人们所熟知的大小关系。对大型盆景我们都喜欢感受到它那巨大的尺寸或者它的雄伟壮观，或者对于微型盆景我们喜欢感受它的亲切。物体大小所引起的愉悦感，似乎是正常人思想上的一种普遍感受特性，在人类发展的早期，就已经认识到这一点了。通常来说，尺度效果可以分为 3 种类型：自然尺度、夸张尺度以及亲切尺度（夸张与变形紧密相关）。夸张、变形的尺度并不是一种虚假的尺度，由于人类对于某些超群盖世的要求，是一种正当而共同的愿望。盆景艺术家贺淦荪的《群峰竞秀》的超人尺度，是借助细部的多种多样的各种密切相关部分的精心处理而得到的。它是利用大小不同、密切相关的山石而得到一个大尺寸的感受。夸张变形尺度的大型盆景景观是人们追求超越其本身，升华及超越时代界限的一种表现，从而使人们感到骄傲和自豪。关于盆景比例与尺度的设计要点如下。

① 牢记人的尺度要求。

② 盆景材料决定了比例、尺度。

③ 功能和目的决定了比例尺度。

④ 植物或配件点缀影响比例、尺度关系。

⑤ 景、盆、架的比例关系。

（6）韵律与交错

韵律是指观赏艺术中任何物体构成部分有规律重复的一种属性。一片片叶子、一条条叶脉、一个个枝片、一朵朵花朵、一株株树木、一层层山峰、一条条刚劲有力的斧劈皴，一横横重重叠叠的折带皴，一片片水面，还有那开合的重复、明暗的重复、虚实的重复……一件盆景的主要艺术效果是借助协调、简洁以及这些韵律的作用而获得的，而且盆景中这种自然式中表现的韵律，使人在不知不觉中得到体会，受到艺术感染。在盆景艺术中，一种强烈的韵律表现，将使人的感受强度增加，而且每一种可感知因素的重复出现，都会增加对形式与丰富性方面的感受。山水盆景中透、漏、瘦、皱的山石之所以给人以一种含蓄的强烈的韵律感，就是由于上边充满了曲线运动的重复，而且这重复又反复交织在一起，这样许多螺旋形线在形式上最富有韵律感，"寸枝三弯"也是这个道理。盆景中的植物配植与山石布局，既有形状韵律，又有交替韵律，而且还有色彩的季相韵律，加之植物体本身叶片、叶脉、缘齿、花瓣、雄蕊、枝条以及枝片的重复出现也是一种协调的韵律，使得盆景景物如同一曲交响乐在演奏，韵律感极其丰富和强烈，耐人寻味。

（7）个体与序列

山水盆景布局中的序列设计是显而易见的，"起—承—收"就是一例。盆景园中的序列设计亦然。如盆景园的"入口—道路—亭廊—展厅—轩阁—庭院—出口"序列设计，形成了"序幕—过渡—再过渡—高潮—渐收—再渐收—结束"的序列。这个序列由个体一个个所组成。"一景二盆三几架"也是序列。

（8）规则与非规则

苏派的"六台三托一顶"、川派掉拐中的"一弯二拐三出四回五镇顶"等都是典型的规则的序列设计，而岭南派、海派的自然式则是非规则的序列设计。盆景园中也会存在着这两种情况。

（9）似与非似

同中国画一样盆景造型也讲究似与非似。白石老人说："作画妙在似与不似之间。"盆景作品《凤舞》《鹿鸣》《万里长江图》《八百里漓江图》，都是"妙在似与非似之间"。太似为无味，不似为欺世。

（10）透视与色彩

这是两个独立的概念，有关系但并不密切。

① 透视。画论曰："远人无目，远树无枝，远山无石"。物体给人的感觉总是近大远小、近高远低、近宽远窄、近清远迷。盆景造型、布局尤其应该讲究透视关系，这是由于盆景容器面积有限的缘故。作者不得不运用夸张的手法，将远景搞得更小、更模糊、更低，以增加层次及景深效果。

透视包括焦点透视（静透视）与散点透视（动透视）两种，焦点透视是从固定不变的角度看物体，就像摄影或坐在一个地方对景写生。焦点透视可分为俯视（鸟瞰）、仰视以及平视三种。散点透视的视点和视线经常移动，所以步移景异，视域广，《万里长江图》就是散点透视。

② 色彩。色彩是人的视觉最敏感的部分。一景二盆三几架都存在色彩协调的问题。

如果色彩不协调就不会使人产生愉悦感。同中国山水画一样，盆景色彩基调宜淡不宜浓，宜素不宜艳（观花盆景例外）。盆、几架的明度略低，以求稳定感，颜色更不能跳。配件的颜色也不能跳，大红大绿不调和，石湾的本色陶质配件比较理想。充分借助艺术对比巧妙地安排山石花草的色彩，也会产生意想不到的艺术感染力。比如在一片翠绿青苔中嵌入几点鹅黄青苔；大片冷色山石上种植几株暖色花草；在一株繁花似锦的小菊下铺一层绿色青苔，这样会获得比较理想的观赏效果。总之，要用明暗色和对比色表现山石与植被的韵律和丰富的层次，能够为盆景景色增添生机。

1.4.5　盆景意境美法则

（1）永恒与可变

盆景意境美的永恒性是表现时代精神。盆景艺术是在一定经济基础上产生的，反过来它又为这个经济基础服务，永远是这样。说它可变，是在说不同时代，它有不同的基础，也就有不同的上层建筑与之相适应，盆景艺术属于上层建筑范畴，也属于意识形态，它总是为那个时代一定经济基础所决定。比如在封建社会，盆景内容充满了封建色彩，是为封建社会服务的，适应于封建社会，表现的是封建社会的时代精神。而在现阶段，经济基础早已发生了根本的转变，盆景艺术在形式与内容方面也必须适应于社会主义经济基础，也就是要表现社会主义的时代精神。

（2）单色与五彩缤纷

在内容健康上进的前提之下，反映五彩缤纷的大千世界，反映社会主义时代精神是前提，但自然、社会、生活，是丰富多彩的。所以盆景反映出来的意境也应该是五光十色的。

1.4.6　盆景空间美法则

盆景艺术是一种空间视觉艺术，盆景是有体积感并可触摸得到的立体实物，盆内放置山石会在画面中形成空间关系，山石的位置布局、姿态造型会使空间发生变化，空间也会制约盆内实物的大小、多少、姿势等关系。盆的空间有限，在盆内小空间中表现宽广的意境实在是件不易之事。当山石放在盆内就和盆边直接发生了空间关系，只有在特定的空间中才能发挥作品的艺术感染力，才能产生好的空间效果。而对于盆面以上的空间往往不易把握，它同样会制约整个画面效果，因此山石的数量多寡、高矮肥瘦、与盆与景的关系究竟怎样才能产生理想的艺术效果及合适的比例关系，就更难把握。以1：3长方盆为例，近景主峰高度在盆宽的2倍左右为佳；如是远山，高度应为盆长的1/10以下，还要根据石料具体情况及构图做最后定夺。

同一作品如果配上不同的盆就会出现不同的空间效果，而相同的盆放入不同造型、体量的山石也会出现空间美感的差异，有时甚至山石、小礁在盆内位置的微小变化都会形成不同的空间效果。合理的布局、合适的体量会使空间感增强，一切不合理的安排都会对画面效果造成损害。如不合理的布局、失控的体量、过分夸张的姿态，以及对称、臃肿、圆滑、失重、散漫、单薄、少层次等都是破坏空间效果的因素。

利用盆内极有限的空间布局设景，使空间变得更大，除了使用巧妙布局手法外，山石"矮、小、瘦、少"等也有助于空间变大。但山石的小要成比例，要与空间协调，强求主体的小去迎合空间的大反而会破坏盆景的美感。在盆景构图中山石体态的大小不可低估，大不行、小也不可，只有合适大小才能产生合理而舒适的空间关系，构图的美才能显示出来。另外盆内前后距离有限，应尽可能做到"近大远小"，才能使景观开阔。对于材料原来就矮小的山石很难在盆内展示出它的"高大"，只有在布局时降低视线、放远才会显示出来，这当然少不了布局的巧妙、用盆的合理、石材的恰当。因此"小、少"是相对的，如果穿插高大、成比例的山石则更能取得理想效果。

布局中采用藏景手法也可使作品的空间感增强，产生广度与深度，加上虚与实存在的空间分隔可增加空间变化。构图中利用好透视比例关系，可以增强山石层次体积感，这也能增强盆内空间感。

根据绘画理论，空间分正、反空间，盆内放上石所占的空间称"正空间"（包括立面上的空间），盆内无石时称"反空间"。正反两个空间的变化成为盆景构图中"实"与"虚"的变化，处理得当会使画面境界更高、气势更壮观。因此创作研究盆景时不能单纯停留在有形有物处，还要注意无形无物处，有形有物处固然是重点观赏范围，而无形无物处则是语言之外的奥妙所在，绝不可小觑。每一盆作品必须有合理的空间表现，千万不要将身边可取之石随意放入，也不要简单认为山石体量越大越好、排列越密越好。盆内山石拥挤、过多会使观赏者胸闷心烦，因此必须留出大小不同的空间以供"透气"，虚处不是无物可赏而是有伏笔所在。有了好的空间变化、主次从属，作品才能令人回味、富有节奏，显得活泼疏朗。

1.4.7　盆景的鉴赏

鉴赏盆景应通过观、品、悟的过程，鉴赏形象美。同时，鉴赏通过形象表现出来的境界和情调，诱发欣赏者思想的共鸣，进入作品境界的意境美，以达到艺术美的享受。

（1）观

首先鉴赏盆景形象美，观察该作品属于哪种类型，是观叶类、观花类，还是观果类；用的是什么树种，其树种的根、茎、叶、花、果形态和色彩是否美观，是否富于变化；其树种是否易于造型；再鉴赏该作品造型是否立意在先，依题选材，形随意定；该作品经艺术处理是否"不露作手，多有态若天生"；然后再鉴赏该作品是否经精心培养，是否生长健壮，无病虫害。

（2）品

品赏则是鉴赏者根据自己的生活经验、文化素养、思想感情等，运用联想、想象、移情、思维等心理活动，去扩充、丰富作品景象的过程，是一种再创性审美活动。但鉴赏者必须建立在理解作者创作意图的基础上才能进行再创性审美活动。

盆景是通过造型来表现自然、反映社会生活、表述作者思想感情的艺术品。鉴赏作品造型是否"依自然天趣，创自然情趣，又还其自然天趣"成为品赏主体的内容。尤其是通过品赏作品造型表现出来的境界和情调，诱发鉴赏者思想共鸣，使鉴赏者联想、移情。

（3）悟

鉴赏盆景之"观"，是以盆景为主；鉴赏盆景之"品"，是以鉴赏者为主。鉴赏盆景的最高境界则是鉴赏者从梦境般的神游中领悟，探求哲学思考，以获得深层理性把握。

在创作盆景时，往往注重"景在盆内，神溢盆外"，在鉴赏形象美的同时，应从小空间进到大空间，突破有限，通向无限，从而产生一种富有哲理的感受和领悟，使鉴赏达到盆景艺术所追求的最高境界。

1.5　盆景制作的原则　◀◀◀───

盆景是一门艺术。在盆景制作的过程中，就应遵循一定的艺术原则。只有根据这些原则进行盆景创作，才能使盆景具有无穷的艺术魅力。一般地说，盆景制作应主要遵循以下原则。

1.5.1　学习自然，师法自然

无论是树桩盆景还是山水盆景都是名山大川、奇石古木的艺术概括和艺术再现。学习自然、师法自然，是收集素材的一项重要工作，是创作的前提。历代诗人、画家、艺术工作者对大自然都无限讴歌、崇拜，从大自然吸取营养，丰富自己的创作。盆景工作者更应不辞辛劳，跋山涉水，对山水树木进行深入研究，抓住特点，掌握规律。山，或幽、或秀、或险、或雄、或奇；树，或遒劲豪放，或潇洒飘逸。要全神贯注，捕捉其特点，对每一特征，又要注意细微之别。大自然中深藏着取之不尽，用之不竭的盆景艺术素材，需要我们去挖掘，收集和整理，才能避免刻板老套，从而创作出立意新、构图美、色彩宜人、具有艺术魅力的作品来。盆景的创作，必须对自然山水、参天老树作仔细观察、研究，认真进行精心设计，通过取舍、渲染、夸张的艺术加工，才能更集中、典型地再现自然。艺术来源于自然，高于自然，盆景艺术亦是如此。因此，既是艺术创作，就不是对自然景色的照搬、照抄，不是对大自然的简单摹写，而是要通过一定的艺术手法与现实主义和浪漫主义的结合，创造出高于自然的盆景艺术作品。

自然界万事万物都具有一定的规律性。植物有生长、发育、开花、结果、落叶、休眠等规律，各具有不同的植物学形态和生物学特性，奇姿异态，变化万千，如竹的劲节潇洒，松的苍翠刚劲，桂花的香韵，海棠的妩媚，不一而足，各具特征。山水亦有春夏秋冬、朝夕晴雨等变化规律。对自然界观察得越细致，在盆景创作过程中，就能如鱼得水，随心所欲，创造出的作品不仅"形似"，而且"神似"，使之具有生动感人的意境。所谓形似，就是指艺术作品形象逼真地反映出客观物象的形貌；所谓神似，是指表现出事物生动而鲜明的神态和独特个性。形是基础，没有形似，也就谈不到神似。在盆景的创作中，要做到形神兼备，首先要对所表现的对象有充分的认识，为了突出神，在选择表现对象时，应对形作适当地概括和取舍。盆景的艺术加工是要将大自然的景物"缩龙成寸"，达到"一峰则太华千寻，一勺则江湖万里"的艺术造诣。盆景加工制作必须要因材施艺，对于植物、山石等，要充分利用其固有的形态来表现出一种自然的神韵。在布局选型中，则须灵活运用形与神的关系，达到形象的完美，构成深远的意境，激发观赏者情感，产生联想，引起共鸣。使创作出的盆景作品既有天然美，又有艺术美，真正达到"源于自然，高于自然"的创作目的。

1.5.2　立意构图，精巧布局

所谓"立意"，就是在创作之前，创作者根据所获得的树桩、山石等材料的形态特征与材料本身的特点，结合自身的艺术修养，对作品做出总的艺术构思。这个思维过程包括对作品外观形态、大小、技法的利用和配套盆钵以及作品的意境创造等方面的设计。立意是着重处理作品的"神"，构图则着重处理作品的"形"。二者是辩证的统一，既有区别又紧密相连。因而在进行立意构图的同时，要处理好二者的关系，才能得到立意新颖、构图优美、独具魅力的作品。

立意要表现主题的意境如何，是品评盆景作品优劣的第一标准。立意要高雅优美、新颖别致，在制作盆景作品时要正确处理奇与实的关系，不要一味求实，照搬自然，要有生动的气韵，它只是从自然中、现实生活中提取出人意料、引人入胜、生动有趣而又合乎情理的东西。

立意确定后，便可进行布局。布局就是布置安顿各盆景中的景物或按照立意对树桩进行修剪，即造型。无论表现何种主题，盆景比园林更加强调小中见大的艺术效果。这种效果越好，盆景的艺术价值就越高。盆景中虽有大型盆景，但比起参天古树、万里江山来仍然是小的，何况一般盆景都是中小型盆景，甚至微型盆景。要在几十厘米或更大一些的盆里，表现千崖万壑、层林尽染或松高万丈的场面，必须巧于布局，才能收到小中见大的艺术效果。正如宋代苏东坡在扬州拾二石做成盆景，"但见玉峰横太白，便从鸟道绝峨眉"，他创作的盆景

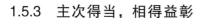

能在"一掌""一壶"之间，取得"三峰""九华""五岭""千嶂"的意境。

1.5.3 主次得当，相得益彰

主次又称"主从""主客"等，是形式美的重要法则之一。在任何艺术作品中，各组成部分之间的关系都不可能同等，必然有主次之分。在盆景的创作中也要突出主体和客体，因此要宾主分明、疏密有致、参差不齐。如一盆山水盆景，主山要庄重威严，顾盼有情，群山如子孙，要恭谨顺承，不得各自为政。主山和客山在高度与体量上，应相差悬殊一些，才能收到众星拱月的效果。对于孤峰式山水盆景，似乎只出现主体而无客体，可通过增加其他小品衬托主景。树桩盆景主树造型，不仅姿态要高于客树，而且高度和形体也要高大于客树，才能使主景突出；即使孤树盆景，仍然是有主次之分的，如树木的主干与侧枝之别。所以，这些盆景作品中的主体和客体还可以通过观赏者的想象去感受和补充。

1.5.4 因材施艺，化繁为简

盆景艺术中所采用的主要材料如植物、山石、土、水等本身就具备一定的自然形态和色彩，其中植物还有着生命特征，因而能赋予盆景自然美，这是绘画和雕塑等其他造型艺术所不能比拟的。但是，盆景材料的特点也使盆景的造型受到某种程度上的限制。因此，因材施艺是盆景的重要美学特征之一。在树桩盆景中，松树的造型就宜表现它的苍劲有力；对于柏，则宜表现它的古拙，梅就应表现其疏影横斜，竹则需潇洒扶疏；若以松柏表现婀娜妩媚，以藤蔓表现苍劲古朴，这样就不符合因材施艺的原则，因此作品是不成功的。在山水盆景中，可以根据各自不同的石料所含的自然美，如质地、形状、皴纹和色彩的不同，而表现不同的题材，并通过人工的加工制成各种艺术造型。如石身瘦长、纹理挺直的斧劈石，可用来表现陡峭的山峰；质地疏松、便于雕凿的浮石、砂积石、鸡骨石等，可用于表现峰峦叠翠景观；圆浑光滑的卵石，则可用于表现海滨风光；白色的宣石则可表现雪景、山水；等等。盆景材料重要，人工更为重要，完全任其自然，就谈不上盆景艺术了。但如果人工雕琢的痕迹过甚，又会失去自然特性。因此，需要自然材料和人工雕琢有机结合，才能使盆景作品真正达到自然美与艺术美的有机结合。

创作盆景要像雕塑那样，去除那些没有用的部分。在因材施艺的同时，要善于对所选材料的取舍。"触目横斜千万朵，赏心只有两三枝""千里之山岂能尽奇，万里之水不能尽秀"。要突出重点，就要删除不必要的部分。若不加取舍，就很容易造成轻重不分、喧宾夺主或景物繁杂的现象。只有抓住景物特点，删繁就简，或繁中求简，才能以少胜多、以小见大，从而才能有创造性地再现大自然景色。简是一种手段，目的是为了突出主景和统筹全局。对于取此舍彼，实际上已经含有作者的主观审美感受，同时作品所表现的景色也经过了作者的加工和改造，因此它比真的景色更高、更美、更集中和更典型。

1.5.5 虚实相辅，疏密有致

所谓虚实，是指满与空、密与疏、重与轻的关系。塞得太满，便显得笨拙和凌乱。因此要疏密有致、虚实相宜。但不宜过疏过虚，以免盆中各景物间失去联络，主从不顾，轻重相混。在处理盆景中某一局部时，也要实中有虚、虚中有实、密中有疏、疏中有密。一般空间为虚，盆景材料如山石、土壤及植物等为实。对于树桩盆景而言，树木主干为实，枝叶相对主干为虚，而相对于空间则为实。在枝叶或植株的安排上，疏散处为虚，密聚处为实。因此，可采取修剪、攀扎、雕琢、选盆布局等手段来调整虚实关系。在山水盆景中，山为实，水为虚，峰、峦、岗、峪为实，沟、壑、涧、穴为虚。山环水，水绕山，山水的结合也就是虚与实的结合，通过山石的布局、水岸线以及溶洞、流泉、瀑布等的处理，有助于虚实相生。树木相对于山石为虚，而相对于水面与空间则又为实。

盆景的意境即表现为实境与虚境的统一。作为一个艺术品，没有欣赏者活跃的想象力，就没有生命。一盆优秀的盆景作品，可以使观者产生联想，这种联想就是虚，而盆景本身就是一个实体。因此虚与实是对立的统一体，虚总是寄托于一定的实体，没有实体，虚就无从存在；而实又离不开虚的补充，没有虚，就没有想象的余地。因此艺术作品必须做到有虚有实。在盆景创作中，对景物的塑造并不是最后的目的，而是寄情于景的手段。虚实是相对的，盆景本身亦为虚，因为它表现了自然景物，但毕竟不同于真实的自然景物，即所谓的"虚者实之，实者虚之"，"实中有虚，亦实亦虚"，最终达到虚实相生，达到化景为情思的意境。

1.5.6　露中有藏，景中有景

盆景是艺术品，首先必须有露，否则无从观赏。但如运用欲露先藏手法，布置崇山峻岭，移天缩地于方寸之地，如果藏得巧妙，可诱使观赏者探寻、发现景中之景，并由此产生联想。所以露与藏是盆景艺术造型中的一对矛盾统一体。然而，如果所有景物一览无遗，就会失去想象的余地，其所表现的景物内容是有限的。因此，盆景布局还需做到露中有藏，在很小的范围内表现出很大的意境，令人遐想，"景愈藏则境界愈高；景愈露则境界愈低"就是这个道理。同时，艺术贵在言蓄，处理好露中有藏，就能展现出一个景外有景、景中生情的动人画面，引起观赏者丰富的联想共鸣，从而有利于创造盆景的深远意境。而意境正是盆景艺术最重要的追求，也是品评的最高标准。

在山水盆景中，露中有藏的表现手法应用得最多。咫尺盆中，要想表现出群峰起伏、水岸迂回、洞壑幽深的艺术效果，仅靠多用石料是不行的。应将每座山峰都处理得既有露又有藏，层峦叠翠；溪谷弯曲幽深，水岸线迂回曲折、时隐时现；山洞有弯有转，一眼望不见底。盆景配件的安置也需做到露中有藏，有时将亭子从山后露出一角，或将房屋遮掉一半，使人猜测到山后还有其他内容，甚至还可以通过露出的景物引起人们对完全隐藏景物的联想。露中有藏的表现手法对于树桩盆景也同样适用，尤其是在丛植的盆景布局中，最忌一目了然。欲达丛林之幽深，仅靠采用很多株树木未必奏效，通过前后错落穿插、树木枝干相互遮挡，有露有藏，虽树木几株，亦有丛林之感。对于孤植的树木，须注意使干、枝、叶穿插变化，有隐有现，才能显出繁茂。所以露与藏，实际上也是一种虚实关系，露者为实，藏者为虚，有藏有露，则虚实相生。

1.5.7　动静互衬，均衡相宜

盆景艺术中所谓的动，就是赋神于形，所创造的作品要生动活泼、要有灵性，赋予盆景作品生命力。同时，在创作盆景时，需注意动势与均衡，这样才能发挥景物内部的力量。而这种力量正是作者思想、感情、理想、愿望的灌注。如果忽略动势，盆景作品毫无气韵可言。人有坐卧行走，山有偏正倾斜，峰峦树石，无不各具风姿神态。正如清代唐岱在《绘事发微》中所述："岭有平夷之势，峰有峻峭之势，峦有圆浑之势，悬崖有危险之势，遥岭远岫有层叠之势，石有棱角之势，树有矫揉之势，诸凡一草一木，俱有势存乎其间……"所以动与静是既对立又统一的两种状态，存在于自然界各个方面。如山本静，水流则显其动；树本静，风吹则显其动。盆景中的小品，如人物、鸟兽、舟车等也都是有动有静的。有些景物虽然暂时处于静止状态，但却具有一种动势，或能引起观者动的联想。一般考虑动势的布局，应以一张一敛为原则。张的力量是向外伸，状如辐射，使人感觉有向外扩张，景外有景的感觉；敛的力量是向内聚，形、层紧凑，使人有深、静和画中之画的感觉。所以，动势布置终究离不开张敛与聚散，同时，也离不开虚实和藏露。

另外，在设置动势时，还须注意均衡，但最忌四平八稳。盆景表现要有动有静，动静相衬，使作品避免呆板乏味，显得生动而有气势，同时合乎自然规律。只求其动势，以致矫揉造作，反而给人以不自然、不稳定的感觉。在考虑动势与均衡时，还必须兼顾高度、体量、质量等各种因素的协调。如只考虑其中一个因素，就必须使构图刻板呆滞，缺少变化。

盆景的布局动静相衬在盆景中从很多方面表现出来，如在山石盆景中的高与低、斜与正、险与稳、陡与缓、顺与逆以及其他不同景物之间的对比等等。在树桩盆景中，通常以斜干式和悬崖式最富动势。曲干式往往给人以蕴藏抗争之力的联想，这又是一种动势。有时，景物虽然左右平衡，没有偏斜，但由于上下虚实轻重的不同，也可以产生动势。如直干式的造型处理恰当，可以表现出一种参天古树之势。有时，通过对盆景的命题，也起到画龙点睛、增强作品动感的作用。

1.5.8　平奇互补，刚柔相济

平淡与奇特，是两种不同的艺术风格和艺术表现手法。在盆景艺术中，有的作品以奇制胜，如奇峰、奇石、奇树、奇花等，这些奇都是比较易于看出的；有的作品则看似平常，其实不然，它藏奇特于平淡之中，可使观赏者如食橄榄，回味无穷。奇特必须有生活基础和自然依据，应该是虽出人意料之外，却尽在情理之中，它往往存在于平凡之中，需要深入发掘和细心观察才能发现。所以盆景艺术，既不能太平凡，也不能太奇特。太平凡没有趣味，太奇特又失去自然。奇特不是荒诞怪异，必须符合自然规律，令人信服。因此，要求作者必须对大自然进行细致和深入的观察，同时还需有深厚的艺术修养和娴熟的表现技艺。除了选择奇特的材料，作者还需有"化腐朽为神奇"之能，可用普普通通的素材，通过艺术加工，变为新奇的艺术形象。

在盆景艺术中，刚柔体现在作品的表现题材、艺术风格以及景物的形体、质地、线条等方面。刚好还是柔好，不可一概而论，就盆景作品的题材而言，刚柔两体，各有千秋。但就作品的艺术造型来说，应刚中有柔，柔中有刚，这样才能有变化，有对比。刚柔互济在盆景艺术中体现在很多方面。在山水盆景中，山与水就是一刚一柔。在树桩盆景中的刚柔大多体现在主干与枝条之间，以及配石与树木之间。一般主枝干偏于刚，枝条则较为柔，枝条较刚而叶片较柔；硬角显得刚，软弧则显得柔。苍松翠柏一般通过枝条的转折来达到刚柔互济的艺术效果。在附石桩景中，配石多为刚，树木则多为柔。

1.5.9　巧立名目，画龙点睛

制成以后，把作者的创作意图用景名加以概括、深化，以收画龙点睛之效。盆景景名如用得恰当，更富于诗情画意，可使观赏者回味无穷。如《漓江百里图》（图1-5）这盆大型盆景以漓江两岸的主要景色为主题，把漓江的主要景色凝缩于此盆中，使观赏者联系景名，似乎自己泛舟于漓江之中。盆景有三种途径：一是从古籍中找典故，二是从现代语言中去提炼，三是结合实际景色与名山大川或名景相联系。盆景的名称宜雅忌俗，如万山竞翠、林静蝉噪、春华秋实、林静溪幽等，均能起到画龙点睛的作用，也会使人产生联想，增加意境效果。

图 1-5　漓江百里图

　　盆景的艺术创作遵循一定的艺术原则是必需的，但千万不可生搬硬套，更不能使之成为束缚创作灵感的绳索和框框。在中国画论中有"画有法，画无定法"之说，盆景创作也一样，随着不断地进行探索，借助大量的艺术实践，借鉴指导，灵活掌握，巧于运用，正确处理景物造型的条件和矛盾，使作品达到既符合自然之理，又高于自然，既变化多样，又统一完美的艺术效果，这才是盆景艺术创作的最终目标。

1.6　盆景艺术风格与流派

1.6.1　盆景风格

　　盆景风格是指盆景艺术家在创作中所表现出来的（用肉眼可以鉴别的）艺术特色和创作个性。盆景风格体现在盆景作品内容与形式的诸多要素之中，而不是单单体现在作品的形式上。作品的内容与形式诸要素大致包括树种、石种、造型、意境、技法、栽培管理技术、盆、架等。看某个或某些盆景的风格，其实就是看它们在这些方面是不是有特色、有个性。如果有特色、有个性，就叫风格。如果没有就是一般化，没有形成风格或风格不明显。盆景风格是在一定历史时期和特定的环境条件下形成的，并随着历史的发展而变化。

　　（1）盆景的个人风格

　　盆景的个人风格是指某位盆景艺术家在其作品的内容与形式的各要素中所表现出来的艺术特色和创作个性。从本质上来说，盆景个人风格很大程度上来自于盆景制作者本人的个性特点。不同的人有不同的个性特点（年龄、民族、职业、文化程度等），因而其作品也就表现出了各自不同的特色，或粗犷或细腻，或苍劲或妩媚，或抒情或哲理，或清秀或雄伟，或端庄或随意，或自然或规则，或仿真或求古，从而造就了数也数不清的个人风格。盆景个人风格中的佼佼者，很可能就是未来地方风格的雏形。

　　（2）盆景的地方风格

　　盆景的地方风格是指某一地域的盆景艺术家们在盆景作品的内容和形式的诸多要素中所表现出来的地方艺术特色和创作个性。不同地域的盆景艺术家，在盆景创作中，对树种的选择、造型特点、表现题材、立意境界、造型技法、栽培管理技术及选用石种、盆、架、配件等方面各不相同或各有特点，这就形成了盆景作品的各种地方风格。

1.6.2　盆景流派

　　盆景的流派是在特定环境条件下形成的一种盆景艺术现象，是在盆景的个人风格、地方风格基础上发展起来的。随着时间的推移和时代的进步，盆景的个人风格、地方风格在内容和形式上日趋成熟、升华，且有量的扩大，盆景诸要素在某一区域内的程式化，就形成了盆景的艺术流派。流派的形成是某区域盆景艺术成熟的重要标志。现阶段盆景流派皆指桩景而言。

盆景的个人风格是形成地方风格的基础，地方风格又是盆景流派的基础；流派则是地方风格发展的高级阶段和可能趋势，流派还是民族风格的集中体现者。地方风格和流派之间虽没有本质的区别，但有文野之分、高低之分、粗细之分、先后之分，不能等量齐观。

我国盆景的流派常以地域命名，常见的有以下几种。

（1）岭南派盆景

岭南派盆景形成过程中，受岭南画派的影响，旁及王石谷、王时敏的树法及宋元花鸟画的技法，创造了以"蓄枝截干"为主的独特的折枝法构图，形成"苍劲自然，飘逸豪放"特色。创作题材，或师法自然，或取于画本，分别创作了秀茂雄奇大树型、扶疏挺拔高耸型、野趣天然自然型和矮干密叶叠翠型等具有明显地方特色的树木盆景；又利用华南地区所产的天然观赏石材，依据"咫尺千里""小中见大"的画理，创作出再现岭南自然风貌为特色的山水盆景。岭南派盆景多用石湾陶盆和陶瓷配件，并讲究景盆与几架配置，题名托意，成为我国盆景艺术流派中的后起之秀和重要组成部分，在海内外享有较高的声誉，如图1-6所示。

图1-6　岭南派盆景

（2）川派盆景

川派盆景有着极强烈的地域特色和造型特点。其树木盆景，以展示虬曲多姿、苍古雄奇特色，同时体现悬根露爪、状若大树的精神内涵，讲求造型和制作上的节奏和韵律感，以棕丝蟠扎为主，剪扎结合；其山水盆景展示巴蜀山水的雄峻、高险，以"起、承、转、合、落、结、走"的造型组合为基本法则，在气势上构成了高、悬、陡、深的大山大水景观，如图1-7所示。

图 1-7　川派盆景

（3）苏派盆景

苏派盆景以树木盆景为主，老干虬枝，清秀古雅，情景相融，耐人寻味。苏派盆景注重师法自然，讲究意境、情趣，逐步形成了"以剪为主、以扎为辅"和"粗扎细剪"的技法。对主要树种，如雀梅、榆、枫、梅等，均采用棕丝把枝条蟠扎成平而略为垂斜的两弯半"S"形枝片，然后用剪刀将枝片修成椭圆形，中间略隆起呈弧状，犹如天上的云朵。对石榴、黄杨、松、柏类等慢生及常绿树种，在保持其自然形态的前提下，蟠扎其部分枝条，使其枝叶分布均匀、高低有致。其修剪也以保持形态美观、自然为原则，只剪除或摘除部分"冒尖"的嫩梢，成为苏派盆景的主要特色。在蟠扎过程中，苏派盆景力求顺乎自然，避免矫揉造作。另外，结"顶"自然，也是苏派盆景的独到之处，如图1-8所示。

图 1-8　苏派盆景

（4）扬派盆景

扬派盆景经历代盆景老艺人锤炼，受高山峻岭、苍松翠柏经历风涛"加工"，形成苍劲英姿的启示，依据中国画"枝无寸直"的画理，创造应用11种棕法组合而成的扎片艺术手法，使不同部位之枝能有三弯（简称"一寸三弯"或"寸枝三弯"），将枝叶剪扎成枝枝平行而列，叶叶俱平而仰，如同飘浮在蓝天中极薄的"云片"，如图1-9所示。形成层次分明、严整壮观，富有工笔细腻装饰美的地方特色。"云片"吸取了山水画的苍松翠柏的远景姿态，它不求细节的描绘，而注意树冠的总体构图形象，"云片"布局疏密有致，高低相宜，四面八方，层次分明，且极为平整，具有很强的装饰性，给人以优美清秀的视觉感受。这种源于自然，高于自然的地方特色，得到发展，并在以扬州、泰州为中心的地域广泛流传，形成流派，并被列为中国树木（桩）盆景五大流派之一。

图 1-9　扬派盆景

（5）海派盆景

海派盆景中华民族优秀传统艺术之一，是一个以上海命名的盆景艺术流派。它蕴含文学和美学，并集植物栽培学、植物形态学、植物生理学及园林艺术和植物造型艺术于一体。海派盆景造型的特点是形式自由，不拘格律，无任何程式，讲究自然入画，精巧雄健，明快流畅。海派盆景分枝有自然式与圆片式，虽然有些树木盆景成圆片，但与苏派、扬派的云朵、云片不同，主要表现在枝片形状多种多样、大小不一、数量较多等方面，且分布自然、聚散疏密，注意变化，因此形式仍倾向于自然。海派盆景还以自然界的千姿百态的古木为摹本，参考中国山水画的画树技法，因势利导，进行艺术加工，赋予作品更多的自然之态。因此有"虽由人作，宛若天开"的效果。海派盆景是我国首先使用金属丝加工盆景的流派之一。采用金属丝缠绕干、枝后，进行弯曲造型，剪扎技法采用粗扎细剪、剪扎并施原则，成型容易，成条流畅，刚柔相济，如图1-10所示。

（6）徽派盆景

徽派盆景发源地为歙县卖花渔村（今安徽黄山市），历史悠久，源远流长，早已成为一个重要流派。徽派盆景以树木盆景为主，苍古纯朴，清丽典雅。树桩选材多取数十年、百年

图 1-10　海派盆景

以上的老桩。即使树龄不太长，也要悬根露爪，"少年老成""小中见大"。无论自幼培植或野外采掘，都侧重于根部和主干造型，把桩老作为评价和鉴赏的首要标准。总体造型以单干式为主，造型特点为游龙式。徽派盆景技法用棕丝蟠扎，粗扎细剪，艺术风格奇特古朴，如图 1-11 所示。

图 1-11　徽派盆景

（7）浙派盆景

浙派盆景是中华民族优秀的传统艺术之一，园林艺术中的珍品。浙派盆景艺术有着鲜明的地方特色和时代精神，浙派盆景艺术风格的形成，有其深厚的传统基础。浙派盆景以松、柏为主，尤其是五针松，继承宋、明以来高干、合栽为造型基调的写意传统，薄片结扎，层次分明。擅长直干或三五株栽于一盆，以表现莽莽丛林的特殊艺术效果。对柏类的主干作适度的扭曲，剥去树皮，以表现苍古意趣，并且善于用枯干枯枝与茂密的枝叶相映生辉，大有"似入林荫深处，令人六月忘暑"的妙境，如图 1-12 所示。

图 1-12　浙派盆景

（8）通派盆景

通派盆景是以南通命名的盆景艺术流派，以南通为中心，包括周围各县及如皋一带。通派盆景历史悠久，造型具有明显的与众不同的特点，且分布的范围较广，影响较深。

通派盆景主干造型均采用两弯半形式，如图 1-13 所示。艺术特点主要表现在：

① 丰满。成型后的树木盆景要上下枝叶丰满，郁郁葱葱，层次分明，树顶呈馒头顶，枝片呈鲫鱼背，两弯半式盆景枝片尤其要丰满。

图 1-13　通派盆景

② 清幽。秀丽幽雅，僻静幽邃，意境深远。

③ 奇特。表现奇松怪石，奇异而特别，新奇而精巧。

④ 古朴。苍老朴实，刚劲坚毅，庄重肃穆，朴实无华。

思考题

1. 何为盆景？

2. 我国盆景的流派及各自特点是什么？

3. 盆景艺术的特点有哪些？

4. 盆景美的形态都包括什么？

5. 简述盆景的发展过程。

2 盆景分类

中国盆景是一个庞大的艺术体系。主要分为两大类：一类是以植物为主要造型材料的盆景，称为树桩盆景；另一类是以山石或山石代用物为主要材料的盆景，称为山水盆景。除此之外，还有树石组合盆景、微型盆景和异形盆景。

2.1 树桩盆景

把木本植物栽在盆中，经过修剪、绑扎整形的艺术加工造型过程，和精心的栽培技术管理，使它成为古雅奇伟的树木缩影的盆景，一般控制使茎干矮小、枝丫虬曲，悬根露爪、姿态苍老、树龄数十年或百余年，有些达数百年而高度仅有一尺多或几尺。这是因为制作时，选取野外山林或苗圃中已生长多年，初步具备盘根错节、茎干粗矮、易于成形的老树桩作素材来培植，故称树桩盆景，或树木盆景。树桩盆景是大自然树木优美姿态的缩影，一般宜选取植株矮小、枝密叶细、形态古雅、寿命较长的树种为材料。盆栽后，再根据它们的生长特性和艺术要求，经过蟠扎、整枝、修剪、摘叶、摘芽等技术措施，创造出较之自然树姿更为优美多彩的艺术品。虽然高不盈尺，却具有曲干虬枝、古朴秀雅、翠叶荣茂、花果鲜美等特色。

2.1.1 根据树桩盆景观赏部位分类

树桩盆景根据观赏部位的不同，可分为观叶类、观花类、观果类三类。

（1）观叶类

此类盆景是以观赏植物叶的形态、色彩和四季变化，以及枝、茎（干）、根千变万化神貌的树桩盆景，如图 2-1 所示。

观叶类树桩盆景为各风格、流派树桩盆景的主体类型，如岭南派盆景的榆、雀梅、九里香、福建茶盆景等；川派盆景的银杏、罗汉松盆景等；苏派盆景的榆、圆柏、真柏、雀梅、三角枫盆景等；扬派盆景的松、柏、榆、杨盆景等；海派盆景的真柏、黑松、五针松、罗汉松盆景等；浙派盆景的圆柏、五针松盆景等；通派盆景的黄杨、五针松、罗汉松盆景等。

观叶类树桩盆景，造型千姿百态，神貌如诗似画。

图 2-1　观叶类树桩盆景

（2）观花类

此类盆景是以观赏植物花的形态、色彩和花期变化，以及叶、枝、茎（干）、根千变万化神貌的树桩盆景，如图 2-2 所示。

图 2-2　观花类树桩盆景

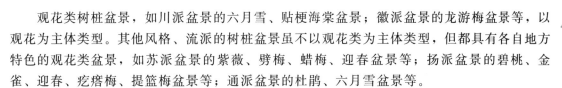

观花类树桩盆景，如川派盆景的六月雪、贴梗海棠盆景；徽派盆景的龙游梅盆景等，以观花为主体类型。其他风格、流派的树桩盆景虽不以观花类为主体类型，但都具有各自地方特色的观花类盆景，如苏派盆景的紫薇、劈梅、蜡梅、迎春盆景等；扬派盆景的碧桃、金雀、迎春、疙瘩梅、提篮梅盆景等；通派盆景的杜鹃、六月雪盆景等。

观花类树桩盆景，造型千姿百态，神貌繁花似锦。

（3）观果类

此类盆景是以观赏植物果实的形态、色彩和果期变化，以及叶、枝、茎（干）、根千变万化神貌的树桩盆景，如图2-3所示。

图 2-3　观果类树桩盆景

观果类树桩盆景，如川派盆景的金弹子盆景等，以观果为主体类型。其他风格、流派的树桩盆景虽不以观果类为主体类型，但同样都具有各自地方特色的观果类盆景，如岭南派盆景的金柑、山橘盆景等；苏派盆景的石榴盆景等；扬派盆景的香橼盆景等；海派盆景的胡颓子、海石榴盆景等；通派盆景的枸杞、虎刺盆景等。

观果类树桩盆景，造型千姿百态，神貌红果绿叶。

2.1.2　根据树桩盆景自然根型变化分类

（1）提根式

又称为露根式，以欣赏树的根部为主。树木根部向上提起，侧根裸露在外，盘根错节，悬根露爪，古雅奇特，如图2-4所示。川派盆景无不提根。其常用的树种有金弹子、银杏、六月雪、椿树、黄杨、榔榆、雀梅等。

（2）连根式

连根式是多干错落生于同根之上具有林相的树桩盆景分类形式。连根式地上部分多或呈丛林状，根部裸露相连，如图2-5所示，这种形式多会选用植株根部易萌发不定芽的树种，比如福建茶、火棘等。另有一种假连根式，在日本称为"筏吹"，卧干上形成很多不定根，提根出土，即形成假连根式。

图 2-4　提根式

　　连根丛林是自然造化在盆中的卓越体现,以同根合理分布的多枝树干反映出山野树林远观景象,桩材形成难,观赏价值尤高。一本多干形成的连根丛林式有主客式、斜干式、直干式、过桥式、山形式、地貌式、茂林式、稀林式。根上之多干为树,常作远景处理,以树及桩成景的典型性强。连根丛林式树根体态较大,干的形象演变成树,分布方向位置有纵深宽广,成山野丛林远景,一桩则有山林原野景象。

　　另外,有两种根枝相连的"过桥式",如图 2-6 所示。

图 2-5　连根式

图 2-6　过桥式

2.1.3　根据树桩盆景自然干型变化分类

（1）直干式

直干式是树干以直为表现对象的树桩盆景形式，具有挺拔向上、顶天立地、不屈不挠的韵意，最具树的普遍性。由于司空见惯，塑造并非容易。笔直挺立，直中有曲，低矮雄踞透迤，高耸瘦硬飘逸，直的形式多姿多彩变化多端。树干直立，枝条横出分生，层次分明，疏密有致。能够体现出雄伟挺拔、巍然屹立，古木参天的树姿神韵。我国岭南盆景的浙派盆景与大树型的风格形式多属此种，直干式又分为单干式、双干式、三干式和丛林式等种类。其常用树种有五针松、金钱松、水杉、榉、榆、银杏、九里香、罗汉松等。阳刚之美在直干式盆景上表现强烈。

① 单干式。可以选择老桩进行造型修剪，要按树桩自有的直干形态，对它的各个侧枝的分布进行合理整形修剪，各部位枝条分布合理才能显出盆景的秀丽、清新和美感。如图2-7所示。

图 2-7　单干式

② 双干式。一盆中树二株（或一株），其干为二，两个桩要一个种。两个干要有一定的区别，一个高点、粗点，另一个要低点细点，距离可远可近，但也要注意协调，要是过于紧密就靠在一起而造型多样化，配置可以一直一斜，显得主次分明，生动幽雅，颇具画意。如图2-8所示。

③ 三干式。树3株（或1株），其干为三。有主次之分，忌雷同，应做不等边三角形构图，有直有斜，有高有低，使其活泼古雅之趣，如图2-9所示。

④ 丛林式。一盆中有多株丛植，模仿山林风光，也要分出主干和次干，各株要围绕主干分布，要有疏有密，合理分布，按所需要的形态，最好提前把每个植株都蟠扎修剪，尽量使之更显出自然景观的美来。丛林式盆景可配亭、台、楼、阁、小桥流水、山石小品以及草地湖泊等，做成"微型园林"的形式，其内容丰富多彩，意境各有不同。所有树木，不分老幼皆可应用。其常用树种有金钱松、六月雪、满天星、五针松、榆树、圆柏、朴树、榉、红

枫等，如图 2-10 所示。若一盆中采用两个以上的树种丛林式，有人称合栽式。

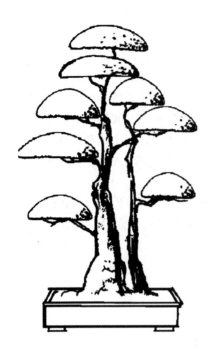

图 2-8　双干式

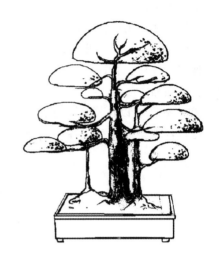

图 2-9　三干式

图 2-10　丛林式

人们向往自然，丛林式有山野林泉多种幽深宏大的自然景象，百看不厌，故受到人们的喜爱。根连丛林材料难得，因而配植丛林应运而生，有长足发展的趋势。它与一本多干丛林不同之处是用材体小易得，可以人工进行布局构图，有较好的观赏价值及较低的制作成本，拥有较好的群众基础。它的制作要求整体组合布局严格，景深变化大，配植树木疏密有致，变化强烈，高低错落，主次分明，互相照应对比衬托比例较好，干与枝争让，枝密而形不散乱，疏可走马、密不能插针。出枝位宜高，以枝写意。观赏性强而制作难度大。

（2）斜干式

树干向一侧倾斜，通常略弯曲，树姿舒展，枝条平展于盆外，疏影横斜，潇洒飘逸，十分有画意。所用的树材，有来自山野老桩，也有以老树加工制作而成。一般的桩景多采用斜干式，如图2-11所示。其常用树种有五针松、雀梅、榔榆、罗汉松、黄杨等。

图 2-11　斜干式

斜干式以倾斜向上的自然大树作为原型，变化大比较常见，是树桩盆景的主要形式。斜干式有倾斜的姿态，树干与盆面的倾斜角度可小可大，有稳定的重心，达到动静结合，险峻稳定结合，既有动感又有均衡，树味桩味并重。斜干式有单斜干、双斜干、多斜干以及丛林状斜干。斜干式布枝宜与大飘枝、风动枝、下垂枝、龙蛇枝等各种枝式结合。斜干最宜配石，也宜在树下布置摆件，远中近处理景深自由，有的还宜做双面观赏。

（3）卧干式

卧干式是树干下部横卧土面的树桩盆景形式。

树干横卧于盆面，树冠枝条昂然向上，生机勃勃，树姿古雅苍老，有似风倒之木，如图2-12所示。其配盆多用长方形盆，可用山石加以陪衬，以求均衡美观。其常用树种有雀梅、朴树、榆树、铺地柏、九里香等。

卧干式树干基部大角度弯曲，树身向上而主干下部伏地，形成多种变化。卧干式表现树木与环境顽强抗争、适应发展的精神。风韵古朴，树姿典型，既有形态美也有意韵美。

图 2-12 卧干式

卧干造型左右出枝，取势为主，宜长短对比。前后出枝形成立体景深变化，长度应短，并且注重枝的过渡配合。

（4）曲干式

曲干式是树干弯曲变化的树桩盆景形式。其树干弯曲向上，宛若游龙，其常见的形式取三曲式，形如"之"字。枝叶层次分明，树势分布有序。如图 2-13 所示。

图 2-13 曲干式

弯曲是树桩比较多见的形象，许多曲干树桩树干扭曲转折挤压，曲度变化十分难得。曲干选桩要顺势服盆，扭转角度偏向的可用圆盆构图取景，形成多面观赏效果，达到移步景换，一步一景的目的。曲干的节奏性变化性及耐看性强。

曲有向上之曲、向下之曲、横走之曲、回走之曲。曲中又有程度上大曲、小曲、急曲、缓曲的变化。角度大小有死曲和柔曲的变化，还有多寡不同的变化。川派、扬派、徽派、苏

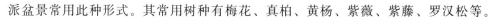

派盆景常用此种形式。其常用树种有梅花、真柏、黄杨、紫薇、紫藤、罗汉松等。

（5）临水式

临水式是树干斜伸如临水面的树桩盆景形式。让树干斜生，伸展出盆外，也不往下倒挂，主干到飘出的枝干顶部要逐渐收小，要真的像自然界的大树被风吹倒而临水那样效果才好。适合的树木有紫藤、雀梅、黑松、椰榆、胡颓子等。如图2-14所示。

图 2-14 临水式

临水式树干俯卧斜出，伸于水面后抬头出枝，取自水潭湖边斜卧的大树形象。它同斜干式、卧干式甚至小悬崖式有相近之处，区别在于树干主体伸出盆面，临水而平伸角度小，不可作下垂枝。用盆较浅，多用方盆或圆盆。其式变化较少，但是写意的效果较强。

临水式宜上抬头，四方立体出枝，不宜作垂枝，才符合自然形态。

（6）悬崖式

悬崖式是树础翻转树干下垂悬挂的树桩盆景形式。如图2-15所示。

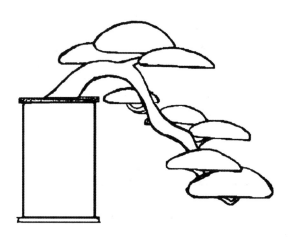

图 2-15 悬崖式

树干弯曲下垂于盆外，树冠下垂如瀑布、悬崖，其模仿的是野外悬崖峭壁苍松探海之势，呈现顽强刚劲的性格。其用盆多取高筒式，适于几案陈设，悬崖式的变化形式有大悬、小悬、侧悬、曲悬、直悬以及一本多干悬崖等。

按照树冠悬垂程度不同而分为下列 3 种情况。

① 小悬崖　冠顶悬垂程度不超过用盆高度 1/2 者。

② 中悬崖　冠顶不超过盆底部以下为中悬崖。

③ 大悬崖　冠顶在盆底以下为大悬崖。

悬崖式立意为山岩、石壁、摹崖生长的悬崖树相。其以山间自然生长的倒挂大树作为蓝本，姿态高挂险峻，临危挺生，顽强不屈的生命意志，充分体现其上。树姿不但奇美，更让人领略其精神内涵，培育人们坚忍不拔的品质。

悬崖式难度大难以得到，取材需树础有较大角度弯曲，能够悬挂于盆沿。树干走势蜿蜒向下后可发生变化，向前或向侧弯曲，回转侧向弯转较破格，高于自然形象。悬崖式树干上有弯曲疙瘩，干梢有收头有节者更佳，重心必须存稳定中取势，静中求动感。布置悬崖式枝较难，树干两侧布枝呆板，宜干上布枝遮掩树干。枝条宜粗壮叶少，而不能叶片太大，避免干轻枝重。干梢有上抬头、下探头、平走式、横走式、斜曲式。悬崖式为远景，整体比例与树枝方位处理十分重要。悬崖式培育难度大，应讲究方法。

悬崖式盆景常用树种有五针松、铺地柏、圆柏、黑松、黄杨、雀梅、葡萄、凌霄、六月雪、榆等。

（7）枯干式（枯峰式）

树干呈现枯木状，其树皮斑驳，多有孔洞，木质部裸露在外，尚有部分韧皮部上下相连，冠部发出青枝绿叶，枯木逢春、返老还童而又不失古雅情趣，如图 2-16 所示。常用树种有荆条、檵木、圆柏、紫薇、榆树、雀梅、鹅耳枥等。在日本常用人工造成枯干式。

图 2-16　枯干式

（8）劈干式

将主干劈成两半，或者劈去一边，使树干呈枯皮状态，然后让这一劈干长出新枝叶之后，再进行艺术加工，使其奇特、古拙，如图 2-17 所示。常用树种有梅、荆条、石榴等。

（9）文人式

文人式盆景表现的是飘逸、洒脱，一般选用浅圆盆，主干或直或略有弯曲都可以，从根部到顶部都不留侧枝，只是利用树冠部的各侧枝来造型。一般树冠都有一条较长的侧枝下飘弯曲，左右不等。如图 2-18 所示。文人树是直干式中文化内涵深的一种形式。这种形式，树的根部出露粗壮，意为根基牢固，树干在直的轴线上有曲，寓正直向上曲折前进，树干较高，枝少简洁，出枝在树干上部，含高风亮节的气韵，有独立成式的趋向。

图 2-17　劈干式

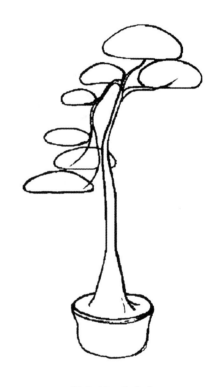

图 2-18　文人式

（10）一本多干式

一本多干式为一树同根生有两干以上的树桩盆景分类形式。

一本多干式师法和取材于自然树相，树味重于林相，可分为一本双干、一本三干直至一本多干。干上有直干、斜干、曲干、悬崖以及临水多种变化。一本多干的本，应硕大与干配合协调。树干高低错落，主次可分明成公孙树，也可不分明成夫妻或同胞兄弟。树干分布位置应合理自然，树枝争让穿插布势讲究比例关系，整体配合，忌重叠遮掩。如图 2-19 所示。

一本多干与根连丛林式二者较接近，共同特征是树干同根生，区别就在于树味与林相，一本多干突出树的多干，以树成景，树的形象典型，并且多干树的味道浓烈，一树生百姿。根连丛林以木寓林，其形态更富于野外林景之趣。它的难度大，观赏效果佳，所以值得提倡。

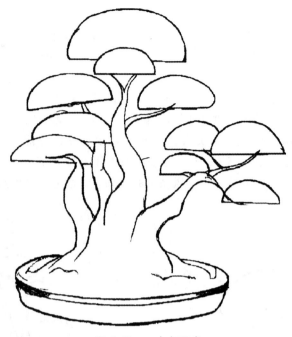

图 2-19　一本多干式

2.1.4　根据树桩盆景规则干型变化分类

（1）游龙式

又称为"之"字弯。徽派传统造型，多见于徽州。树木主干弯曲若游龙，但多在同一平面上弯曲，宜于正面观赏，如图 2-20 所示。常作对称式陈设，常用于梅花和碧桃。

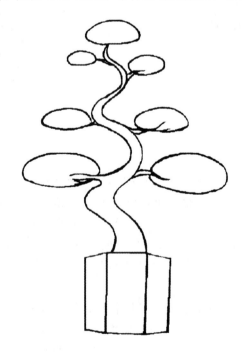

图 2-20　游龙式

（2）扭旋式（磨盘弯）

主干扭曲向上，如图 2-21 所示，多见于金银花、紫薇、圆柏、罗汉松等。

图 2-21　扭旋式

（3）一弯半

主干从基部弯成一个弯，再扎半个弯做顶，而整株树微倾向前，其云片左右对称，如图 2-22 所示。

图 2-22　一弯半

（4）鞠躬式

又称为二弯半。通派代表树型，多见于南通、扬州以及泰州等地。树干从基部开始扎成两个弯，也就形成"S"形，再扎半个弯做顶，主干上部前倾，下部后仰，顶部伸出一片，像鞠躬者的头部，两侧各形成两片，一长一短，一高一低，像伸向背后的两臂，如图2-23所示，常见于罗汉松、垂丝海棠、五针松等。

图 2-23　鞠躬式

此外，还有方拐、对拐、掉拐、三弯九道拐、大弯垂枝等造型。

2.1.5　根据树桩盆景自然枝型变化分类

（1）垂枝式

借助某些树种或品种枝条下垂的生长习性稍微加工而成，比如垂柳姿态，如图2-24所示。其常用树种有迎春、桎柳、垂枝碧桃、垂枝梅、枸杞、龙爪槐、金雀等。

图 2-24　垂枝式

（2）枯梢式

树木顶梢枯死，似雷劈状，如 2-25 所示。

图 2-25　枯梢式

（3）风动式（风吹式）

风动式是枝向一侧运动，用以表现树木同自然抗争精神的树桩盆景形式。如图 2-26 所示。

图 2-26　风吹式

山崖、海岸风口上狂风肆虐，吹动树枝的瞬间形态被捕捉，反映到树桩盆景上来，成为风动式树桩盆景。是创造者师法自然、内得心源的结果。风动式树枝有强烈的动态，有抗争搏斗的顽强意志，有奔放的节奏，给人启迪。表现手法既写实又写意，既现实又浪漫，枝向一侧弯曲律动产生动感。风力有大小，枝的动态有微动与狂动，小风中枝飘荡，大风起枝飞扬。有顺风有逆风，将自然现象表现得淋漓尽致。

风动式抓住自然特点，在枝的造型上创新，在技术方法与艺术方式上有示范意义，丰富了树桩盆景的形式及表现力。

（4）疙瘩式

又称为打结式。扬州、徽州多见，在主干幼嫩时将盆树幼苗在基部打结1～4节，常用于梅、罗汉松以及圆柏等，如图2-27所示。

图 2-27　疙瘩式

除以上自然枝型变化外，还有象形式、直身加冕及老妇梳妆等类型，均具有较优美的艺术特色。尤其是象形式，因形赋意和因意造型，有文化意韵作指导，由形升意，易于发掘丰富的内涵。

2.1.6　根据树桩盆景规则枝型变化分类

（1）屏风式

将枝干编成一个平面，似屏风或"拍子"状，主要见于紫薇、海棠、迎春以及梅等。是

徽派采用的树型之一，北京丰台也有采用。

（2）平枝式

每一枝盘是由主枝及分枝蟠成卵圆形或扁圆形、阔卵圆形。枝势平稳或者微向下倾，没有拱翘偏斜。枝盘基部着力表现筋骨，既苍劲又健茂。全株桩头 10～14 盘，左右对称排列，整株雄浑壮观，形如翠塔。此枝盘用途最广，可以普遍应用于一切扎片的树形上。

（3）云片式

模仿黄山迎客松形态，枝叶平展概括加工而成。通常顶片为圆形，中小片掌状，好似蓝天飘浮的薄云。此类造型为扬派代表树形。云片 2～3 层者称为"台式"，如图 2-28 所示；多层者称为"巧云式"，如图 2-29 所示，云片上下错落，层次分明，端庄平整。

图 2-28　台式　　　　　　　　　　　　　　图 2-29　巧云式

（4）圆片式

为苏派造型特点之一，与苏派、扬派的云朵、云片不同，主要表现在片子形状多种多样、大小不一、数量较多等方面，且分布自然、聚散疏密，注意变化，因此形式仍倾向于自然。其典型树形有六台三托一顶枝片，如图 2-30 所示。

图 2-30　六台三托一顶

2.2 山水盆景

以各种山石为主要材料，经过精心选择和加工造型，模仿真山真水的天然景色，装饰于咫尺盆里，展现悬崖绝壁，险峰幽壑，翠峦碧涧等山水风光，犹如立体的山水画。在浅口盆中以石为主，配置草木，概括再现祖国的锦绣河山，所谓"一峰则太华千寻，一勺则江湖万里"，这种"缩地千里""小中见大"的艺术造型，可明媚秀丽，或崔巍雄伟，是山石盆景的特色。山水盆景可分为水石盆景、水旱盆景、旱石盆景及专供赏石的供石盆景4大类，有人把挂壁式盆景也列入该类。

（1）根据盆中有无水分类

山水盆景可分为以下各种。

① 水石盆景。将山石置于浅口水盆（水底盆）中，以表示层峦叠嶂，险峰危崖。盆中贮水，并有植物及小型摆件作点缀。水石盆景是经过提炼，高度概括的艺术品，盆中的山石用来表现峰、崖、岳、岭等各种山景，空出的部分为水面，展现江、河、湖、海等各种水景，具有"一峰则太华千寻，一勺则江湖万里"的意境。它比树桩盆景的容量更大，内容更丰富，令观者恍若置身于名山大川之中。这是山石盆景中较常见的形式。此种造型主要用于表现有山有水的自然景观，如江南水乡、海滨景色、太湖风光、桂林山水或江边崇山峻岭、江中帆影点点等。

盆中以山石为主体，盆面除去山石，其余部分均为水面。在山石峰峦的缝隙或特意留出的洞穴内放置培养土，用以栽种植物，在土面上辅以苔藓，不露土壤痕迹。再适当点缀亭、塔、桥、舟楫、房屋、人物以及动物等配件。

水石类是山水盆景中的主要形式。通常的山水盆景都是以这种形式来表现秀丽旖旎、雄伟壮丽的峰峦山景以及江河湖海水景。如奇绝的黄山，险隘的华岳，秀峻的峨眉，雄伟的泰岱，还有匡庐飞瀑，桂林山水，雁荡巧石，长江三峡，衡山别岫，嵩山溪流，洞庭湖泊等更多的自然山水景色，均可以在水石类山水盆景中表现出来。

水石类山水盆景的管理也比较方便，山石上栽种的树木通常都很小，价格也较为低廉，寻觅也较为容易，万一管理不当导致枯萎，还可以重新栽植。若制作的山水景观较小时，还可以不栽植物，仅以青苔点缀或植以香港半枝莲小草，以草代树，十分方便。若需要长期放置于室内观赏，则山石上不需栽种草木。

为了增加欣赏效果，通常都选用较浅的大理石或汉白玉盆，这样可以从山脚水面逐渐欣赏至峰顶山巅，整个山景水面一览无遗，增加了视觉的愉悦感。

② 水旱盆景。浅盆中一部分是土壤、山石和树木，而另一部分则是水，水与土之间用沙石或水泥分隔而又不露出人工痕迹的方法，以保证土中植物正常生长，也可用白沙表示溪流、河床。将山峰石块置于土中或砂中，主要表现盆中无水的山景。植物可直接种植在盆面上，也可栽种在山石上。土上铺以青苔，也可栽以小型树木，再根据表现主题的需要点缀人物、动物以及屋舍等各种配件。

用盆以较浅的大理石或者汉白玉盆为好。浅盆可使大地更加广袤无垠，山峰无比雄伟壮观。同样可以使观赏者尽情浏览而增加视觉上的愉悦与美感。要注意盆土表面的地形处理不能平坦展开，要适当加以变化，做成前浅后深、起伏有变才显自然之理。近年来，水旱型盆景发展十分迅速，表现内容丰富，这类盆景可以表现水旱兼备的自然景观。

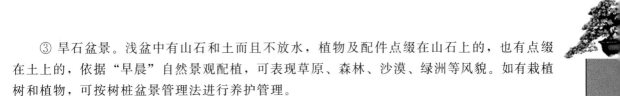

③ 旱石盆景。浅盆中有山石和土而且不放水，植物及配件点缀在山石上的，也有点缀在土上的，依据"早晨"自然景观配植，可表现草原、森林、沙漠、绿洲等风貌。如有栽植树和植物，可按树桩盆景管理法进行养护管理。

旱石类山水盆景适宜表现大地与山峰共存的山景，但所展现的场景不如水石盆景之宏大，意境的深邃也稍逊于水石盆景。但它可以展现驼铃声声、令人神往的沙漠景观，以及牛羊成群、广阔无垠的草原景色，这也是旱石类山水盆景的一大特色。

旱石类山水盆景的管理也很方便。平时注意经常朝盆面上喷水，保持盆土湿润，使植物及青苔生长状况良好，整个盆面与山景绿意盎然，增加欣赏美感和真实感。

④ 供石盆景。供石又称摆石或孤赏石。将山石置于无水浅盆或茶几之上。山石通常选用形状奇特、具有艺术欣赏价值的质地好的硬石，一般不配置植物或其他配件。

（2）根据山水盆景山式布局与摆放特点分类

不同作者有不同的分类，本书中综合前人的分类方法并加以归类，共分为以下各种。

① 高远式。"自山下而仰山巅，谓之高远。""高远之势突兀。"高远式山水多用于表现峭壁千仞、雄伟挺拔、气势高耸的山峰景观，是山水盆景中比较常见的一种表现形式，如图2-31所示。

图 2-31　高远式

② 平远式。"自近山而望远山，谓之平远。""平远之意冲融而缥缥缈缈。"平远式山水主要用来表现青山绿水的田园风光及千里江南丘陵的逶迤起伏，如图2-32所示。

图 2-32　平远式

③ 深远式。"自山前而窥山后，谓之深远。""深远之意重叠。"深远式山水的主要特点就是景色幽深繁复，层次重叠丰富。多用来表现山清水秀的江南丘陵及湖光山色，如图2-33所示。

图 2-33　深远式

④ 立山式。又称主次式、偏重式。此为山水盆景造型中的一种最为常见的形式，也是初学者学做山水盆景时首选的一种造型形式。主要用来表现山势险峻、奇峰摩空的自然山景。盆中有两组山石，分置于盆的两侧，一侧为主，一侧为次。为主的一组峰峦比较高大，峭壁耸立，其体量也明显比为次的那组山石大。为次的那组山石比较低矮，两组山石体量高低悬殊较大，主次明显。如图2-34所示。

图 2-34　立山式

⑤ 斜山式。构成山体的山石倾斜，如图 2-35 所示。斜山式的山峰重心均倾斜向一侧，险中有稳，危而不倒，静中寓动，别具一格。

图 2-35　斜山式

⑥ 横山式。山石横卧，山石纹理除纵向外，还有横行线条，层层叠叠状如横云漫空，又称横云式。如图 2-36 所示。横山式假山主要选用网纹石、千层石为材料，盆以长方形或椭圆形浅盆为宜。与斜山式类似，应有高矮、体态大小呼应，也可在山上种植植物或配置摆件，以增加盆景的灵动性。

图 2-36　横山式

⑦ 悬崖式。两山相对、山形奇特、山势险峻、顾盼相宜，一崖悬挂似瀑布状，景色壮观。主要表现自然界峭壁陡峻、悬崖绝壁、雄浑险奇的临水悬崖景色。其险奇并极具动势的造型，在山水盆景中独树一帜，深受盆景爱好者的青睐。如图 2-37 所示。

图 2-37　悬崖式

⑧ 怪石式。也有人称之为象形式。山体形状古怪，甚至像人物、动物造型，多为太湖石、灵璧石或英德石制作。如图 2-38 所示。

图 2-38　怪石式

⑨ 峡谷式。两山体形成峡谷状，群峰竞秀，两边相峙，在中间留出狭小的峡谷，河流湍急冲开峡谷奔腾汹涌而出。主要表现江河峡谷的自然景色，比如长江三峡险峻的山峰和气势浩荡的江水。如图 2-39 所示。

图 2-39　峡谷式

⑩ 孤峰式。又称独秀式、独峰式。一个盆内只放一块峰石，拔地而起，石上要加工出明显的层次，形成丘壑、山径。山石一般置于盆的中心偏侧处，布局以高远为主，其高度常大于盆的长度，为盆长的 1.3～1.5 倍。其主要特点是主题鲜明，景物集中，并且多为近景特写，孤峰突兀摩天，山势奇峭险峻。整个构图也非常简洁、清疏、明朗。如图 2-40 所示。

图 2-40　孤峰式

⑪ 散置式。又名疏密式。由 3 组以上高低、大小不同的峰石组成，从俯视可见山石组成不规则的三角形或多边形，分散排列。峰石以单数为佳，根据盆的大小可由 3、5、7、9 组峰石组成，但一定要有大小、远近之分，一定要疏密有致，高低错落，并有一组最大的主峰。如图 2-41 所示。它与群峰式山水相同的是盆内山峰较多，不同的是群峰式山水盆中山峰多而相连，而散置式山水则盆中山峰虽多，但并不相连，而是以几组形式散置在盆中。

图 2-41　散置式

⑫ 群峰式。又称山峦式。盆中多峰群聚，但主峰突出，高低参差，群峰有大有小，有密有疏，有聚有分，层峦叠嶂，群峰竞秀，绵亘不断的自然山景，故又名重叠式。可表现山重水复、群峰竞秀的自然景色。如图 2-42 所示。

图 2-42　群峰式

⑬ 石林式。与群峰式类似，特点是山石之间竖立，多分离，形成石林景观。如图 2-43 所示。盆及材料同群峰式，也可选择柱状有光泽或独特色彩的硬石类。石林式盆景创作出精品较难，关键是选材和石材在盆中的布局，如果布局不合理，会显得生硬，没有灵气。

图 2-43　石林式

⑭ 连峰式。顾名思义，就是盆中所有山峰均相连在一起。起伏相连的峰峦布满盆中，之间没有分割开来的水面与空白。水面和空白只能留在山峰的前面，借助山峰之间的起伏开合，山脚曲直回抱，来造成虚实疏密等变化关系。该形式气势雄浑，节奏感强。如图 2-44 所示。

图 2-44　连峰式

2.3　树石盆景

树石盆景常用多株树桩进行组合造景，并配之以山石、草类、亭台楼船、人物鸟兽，形成千姿百态、极富诗情画意的盆景景观。在当前盆景创作中日渐成为盆景造型类别新的主流。这类盆景既不属于山水盆景，也不宜划分为纯粹的树桩盆景类，是树桩盆景和山水盆景的组合。一般是树植石上，石置盆内，以树为主，石和土为辅，树附石而生，树有姿，石有势，树石交融浑然一体的盆景艺术品。

树石盆景是以树和石的组合造景来进行布局的，其布局的手法很多。不同的树石盆景因为立意不同，选材各异，且寓意有别，其情调、格调都随之而变。但无论怎样变，树石盆景按照其盆面布局情况，视其盆面有无留有水面，都可统分为下列三大类别。

2.3.1 水旱类

水旱类树石盆景多数以树木为主景，间或也有以山石为主景的。水旱类树石盆景盆中有山、有水、有土、有坡，树木植于石或土岸上，山石将水与土分隔开来。盆中水面静波潆洄，坡岸水线迂回曲折，树木枝叶扶疏，山岳秀中寓刚，形成水面景色与土坡岸地的自然景色。在浅口山水盆中，树石盆景将自然界中水面、旱地、树木、山石、小桥、溪涧、人家等多种景色集于一盆，表现的题材既有名山大川、小桥流水，也有田园风光、山村野趣，展现的景色具有极为浓郁的自然生活气息。

（1）水畔式

盆中一边为水面，一边是旱地，用山石分隔水面与盆土。水面部分放置渔船，点缀小山石；旱地部分栽种树木，布置山石。水面与旱地的面积不宜相等，通常旱地部分稍大。分隔水面与旱地时注意分隔线宜斜不宜正，宜曲不宜直。水畔式树石盆景主要用来表现水边的树木景色。水畔式盆景材料同溪涧式，山体为驳岸岸边景观或半岛景观，岸线曲折悠长，山上植树，冠如华盖，富有诗情画意。如图2-45所示。

图 2-45　水畔式

（2）岛屿式

盆中间部分为旱地，以山石隔开水与土，中间呈岛屿状，旱地四周为水面。水中岛屿（旱地）根据表现主题需要可以有一至数个。小岛可以三面环水（背面靠盆边），也可以四面环水。岛屿式树石盆景主要用于表现自然界江、河、湖、海中被水环绕的岛屿景色。如图2-46所示。

图 2-46　岛屿式

（3）溪涧式

盆中两边均为山石、旱地以及树木，中间形成狭窄的水面，成山间溪涧状，并在水面中散置大小石块。两边的旱地不可形成对称局面，必须要有主次之分，较大一边的旱地上所栽的树木应稍多且相对高大，另一边则反之。溪涧式树石盆景主要用来表现山林溪涧景色，极具自然野趣。构成盆景的素材主要是山石、小溪和山林，体现林深谷幽、林密溪清的静谧幽深景色。如图 2-47 所示。

图 2-47　溪涧式

（4）江湖式

盆中两边均为山石、旱地，中间为水面，后面还可有远山低排。旱地部分栽种树木，坡岸一般比较平缓。江湖式树石盆景水面比溪涧式开阔，并常置放舟楫或小桥等配件。布局时须注意主与次、远与近的区别，并且水面不可太小。江湖式树石盆景适宜表现自然界江、河、湖泊等景色。盆景材料同溪涧式，两山夹江或狭湖，江岸蜿蜒曲折，有深远的意境。如图 2-48 所示。

图 2-48　江湖式

（5）综合式

盆中有多组单体景物，合则能组合多变，分则能独自成景。以石代盆，树栽石中，石绕树旁，树石相依，组合多变，协调统一。石与盆不行胶合，盆中景物可按照创作主题需要而移动组合，变换成景。

综合式树石盆景表现的自然景观比较多，范围较广，也较自由。因为盆中树木是栽种在山石中，而山石替代了盆，所以在运输过程中，它可以从盆中拿下来单独包装，方便运输。组合式盆景中江河湖海、森林岛屿皆有，犹如一幅画，亦如一首诗。如图 2-49 所示。

图 2-49　综合式

（6）石上式

采用吸水性较好的软石，雕凿洞穴，栽树于洞穴内，根附石内，软石吸水，把石置于旱地土坡中，用石分出水面与旱地。或将石直接置于水盆中，用栽树之石代替旱地土坡。盆中除了栽树之石外，均为水面，在其上配以山石和配件作点缀。石上式树石盆景的特点是将树直接栽于山石上，符合天然生态，不用水盆，亦能观景。如图 2-50 所示。

图 2-50　石上式

2.3.2　全旱类

全旱类树石盆景所用材料和布局形式大致相同于水旱类树石盆景，它既可以山石为主景，也可以树木为主景。全旱类树石盆景盆中有山、有土、有坡，盆面中没有水面，全部为旱景地，这是全旱类树石盆景与水旱类树石盆景之间的唯一不同之处。全旱类树石盆景造型布局的重点及技法主要在于树木和山石在盆面土中的造型与布局，借助树木和山石及土坡的变化、组合及造型来表现旱地自然树木和山石峰峦的自然美和艺术美。如图 2-51 所示。

图 2-51　全旱类树石盆景

（1）景观式

盆中有旱地、山石以及水面，也可以不留水面。旱地部分栽种树木，除有水旱盆景的一般形式特点外，景观式要有体量明显较大的建筑配件作主景，配件主要是房屋、亭台、舟船、拱桥、人物等；盆面中不留一点水面，全部为土坡、山石与景观，如图2-51所示。在景观式树石盆景中，配件成了主要景物，而原本作为主要景物的树与石则成了次要景物。

景观式中的建筑景物可以是现代的，也可以是古代的，如房屋、大桥、水坝等。景观式树石盆景主要用于表现人们在生活中与自然环境相融合的一种景观，如图2-52所示。

图2-52 景观式（水旱类）

（2）主次式

盆中山石与土布满盆面，树木栽植土盆中，同山石相依互作变化。树水多为数棵，分植于盆面两边，一组为主，一组为次，主景部分的树木要比副景部分的树木多。山石的安置也与树木相同，应突出主景部分，使主景部分在分量与体态上均明显超过副景部分，如图2-53所示。

图2-53 主次式

（3）配石式

盆中石与树相配，将树木栽植于土中，以山石与之相配，配石式树石盆景多用于全景式之布局。一盆之中多用两棵以上同种或不同种树木合栽，并将配石点缀在树木土坡之中，用以扩大景观。配石式树石盆景既可以呈现自然界二三成丛的树木景象，也可以呈现出疏林、密林、寒林等不同景观，极富自然界山野幽林之野趣，如图 2-54 所示。

图 2-54　配石式

（4）风动式

主景为盆中树木，树木的枝条造型均为风动式，将所有树枝都处理成被风吹成一边飘拂的姿态。盆中没有水面，全为土面坡地，树木栽于土面上，以山石作为配景。按照造型主题需要，配置石头数块与土坡形成起伏变化的大地风吹树动之景观，如图 2-55 所示。

图 2-55　风动式

（5）景盆式

景盆式树石盆景的主要特点就是景为盆，盆为景，盆与景浑然一体。景盆式树石盆景通常有两种造型形式。一种是选用天然成形的石盆，又叫云盆（主要选用钟乳石、芦管石以及砂积石等石料，利用天然熔岩的石盆外形，稍作修饰而成），然后在盆中栽树布景，周围突出水面。石盆造型树石盆景似国画写意，巧拙互用，天然成趣；如山乡田野，村间农舍，怡然成景。另一种则是既不用浅口大理石盆，也不用天然云盆，而是根据树的生长态势，以石绕树，树石相依，以石造景为盆，景盆结合相映互补，浑然一体。这种景盆树石结构是把多种树石结构的长处融为一体的一种创造，它是现代树石盆景造型基础之一，也是组合多变的单体造型基础。运用这种景盆式单体造型多件景物，就可以在盆中进行多种组合变化，实现一景多变、多景随意的效果，如图2-56所示。

图 2-56　景盆式

2.3.3　附石式

树植于石上，石置于盆内，以树为主，山石为宾，树附石而生，树有姿，石有势，树石交融，浑然一体的盆景艺术品。附石式树石关系密切，树依附于石而树石共美。以植物、山石、土为素材，分别应用创作树木盆景、山水盆景手法，按立意将树木的根系裸露，包附石缝或穿入石穴组合成景，并精心处理地形、地貌，在浅盆中典型地再现大自然树木、山石兼而有之的景观。狭义的附石式树依赖石而生存，而广义的附石式则树石相依，树不依赖于石而生存，而是靠石下之土供养。如图2-57所示。

附石方法有两种：石包树型（根穿石型）与树包石型（根包石型）。

石包树型：再现大自然树木根系穿入石穴，树木、山石兼而有之的自然景观。

树包石型：再现大自然树木根系包附石缝，树木、山石兼而有之的自然景观。

除上述三种分类外，树石盆景还可以按照作品中所选用的树种（即以树种）分类，或按照作品所用树木棵数的多少（即以株数）分类，或按照作品用盆规格大小（即以用盆规格大小）分类等。

图 2-57　附石式

2.4　其他盆景类型

2.4.1　微型盆景

　　微型盆景又称掌上盆景、指上盆景。这是一种极小的盆景，其树冠高度在 10 厘米以下，造型夸张，线条简练，小巧玲珑，是一种有生命的艺术品，虽体态微小，却小中见大，玲珑精巧。微型盆景发端较早，元代时即有规格较小的"些子景"。目前城市居住高楼的家庭日益增多，而楼房内用于种植花木的空间有限，人们为在有限的空间内享受到大自然的美景，由于微型盆景占有空间小，便于在室内陈设布置，近年来深受广大盆景爱好者欢迎。现在人们习惯上把盆钵直径在 5 厘米以上、10 厘米以下者归为微型盆景范畴，5 厘米以下者归为超微型盆景之列。如图 2-58 所示。

2.4.2　异形盆景

　　盆景除了常见的树桩盆景、山水盆景、树石盆景以及微型盆景等外，还有新奇的异形盆景。异形盆景是指将植物种在特殊的器皿里，并精心养护和造型加工，制作成的一种别有情趣的盆景。

　　（1）挂壁式盆景

　　挂壁式盆景是盆景工作者将传统的盆景艺术同贝雕、树皮画等工艺美术品制作技艺和形式巧妙结合，并吸收国画、书法艺术精华而产生的一种新型的盆景艺术品。挂壁式盆景可分

图 2-58　微型盆景

为挂壁式山水盆景、挂壁式树木盆景和挂壁式花草盆景。

① 挂壁式山水盆景。造型方法同一般山水盆景。常用平远式表现方法，背景如用大理石，其石板上具有天然的抽象的山水纹理更为理想。如用金属板或三合板，可在上边涂以湖蓝色的油漆，以摹仿天空和湖水，作为远景处理。中景、近景的材料选择不仅要考虑形态材质厚度、重量，又要考虑结构的固定和安装。

② 挂壁式树木盆景。布景形式有两种，一种是将栽植盆藏于背后，其方法是在盆器的适当部位凿洞，在盆背面，洞口略下方粘贴半个素烧盆或其他容器，盆内放培养土，树根从洞孔穿过后栽入素烧盆中，正面只见优美的树姿造型，不见盆器裸露。另一种是将盆器和树木姿态完全显露在画面上。挂壁式树木盆景要选择生长缓慢，适应性强，树姿优美，并具一定耐阴能力的树种。

③ 挂壁式花草盆景。同挂壁式树木盆景，区别是植物种类以耐阴优良观赏草本植物为主。

（2）立屏式盆景

立屏式盆景就是把浅口山水盆景盆立起置于几架之上，将加工好的峰峦按设计图案粘贴到盆面上，在山石上栽种小草木，在峰峦上或盆面空白处点缀塔亭、小舟等配件，使其成为立体的画，雅趣横生，独树一帜。立屏式盆景大者可置地上，小者可置几案之上。该式是近些年出现的一种新款式盆景，因为制作方法和表现的景致不同，又分山水立屏式盆景（图2-59）和树木立屏式盆景两种。

（3）云雾山水盆景

云雾山水盆景又称雾化盆景，是在原山水盆景的水下安装一套超声波雾化装置，只要盆中注入清水接通电源就会产生淡淡的雾气，使山峰周围被云雾缭绕，犹如神话般的仙境，深化了盆景的意境。同时清水产生的云雾，散布在空气中还能增加环境湿度，起到调湿的作

图 2-59　山水立屏式盆景（碧海青天夜夜心）

用，而且云雾中还含有负氧离子，适量的负氧离子还有净化空气的功效。

除此之外，还有假山丛林式盆景、过桥式盆景、腐干式盆景、枯朽式盆景等，见表 2-1。

表 2-1　其余异形盆景说明

类型		形态特征	造型要点	配盆	注意事项
假山丛林式盆景	峰岭丛林式	底座块状，根至座下，不显盆面，凹凸瘤疤，凹如山谷，凸如山峰，重峦叠嶂，峰岭树列，树中有树，层林竞起，气势非凡	总体上要树小山大，中远景造型，采用中国画高远透视原理与盆景自身特点相结合的方法设置树木。树一般置峰岭起处，该点的树为全景聚焦处，其余依此类推，大小高低穿插布设，树相挺立，枝片平展，纵向为主，横向为辅，无需过分强调粗壮枝托。整体观看峰峦连绵起伏，层林高低错落，气势壮观	宜配浅长方盆或浅椭圆盆，也可置水旱盆中，树置盆中，总体后移，再根据山势，于左侧或右侧定位	树不宜过于高大，树大山小，难显山之高耸，如果桩坯原干过于粗大，宁可忍痛割爱，重新培植小树，以求整体效果，否则难以协调
	丘陵丛林式	树中有树，底座块状，布满疙瘩洞孔，平缓起伏，形似丘陵地貌，视野开阔，丛树挺立，遥相呼应，似林海茫茫，一派生机	统揽全局，精心安排，中远景造型，除把握一般丛林特点外，还要留心地貌的高低起伏。一般来讲，制高点置主树，次高点置副树，以此类推，设置配树；树相挺秀，枝片横展略垂，树干一般为直干或穿插少许斜出，高低错落，扬纵抑横，总体向上；树丛大组、小组各有其所，力求疏密有致，层次分明	宜配浅长方盆或浅椭圆盆，也可用水旱盆，树置盆后侧，尽可能多留盆前侧的空间，使视野更加开阔	树干总体形态要一致，如果穿插曲干，与直干不协调；若不分重点，树满山坡，太散则无异于绿化造林，而不是造景
	峭壁丛林式	树身主要部分已腐蚀，如峭壁悬崖，外廓皮层舒卷，大小两崖，对峙高低，三株小树，两高一低，挺秀共荣	两树置崖顶突起部右侧，间隔不宜太开，使重心平衡；两树主次分明，低崖置一小树，上下大小遥相呼应，层次分明；树的数量多少无碍，关键在于高低大小错落，前后穿插的布设；干身挺立，叶片横展，共同向上	宜配浅椭圆盆或长方盆，水旱盆亦可，树置盆的左侧	树宜细小，不宜粗大；小树不宜设置太规整，以免显得呆板，缺少变化

类型		形态特征	造型要点	配盆	注意事项
过桥式盆景	单树过桥式	坯桩中部高,两端低,扎根盆土,弯曲成弓状,横跨两岸,形如拱桥,"桥"下小树横斜,一枝独秀,伸向"桥"面,野趣盎然,似乎给荒芜的郊野带来了春的气息	过桥式盆景坯桩的树桥树侧斜出枝,从而培枝为干,以纵(树干)破横(拱桥);而后定底托临水枝,第二托左上扬枝及右侧高飘枝;临水枝的飘拂与上扬枝、高飘枝一上一下、一左一右,形成对比,随风摇曳;全树有密有疏,打破树木左右均衡的常规,虚实相生,求得变化,脉络清晰,枝条舒展自如。树桥下盆土左右而置,盆中央留出水面,岸边水线弯曲迂回	宜配水旱盆、浅长方盆或浅椭圆盆,树置盆的后侧	桥下临水枝不宜太密,否则将堵塞空间,给人过于拥塞、不透气的感觉
	双树过桥式	树桩形如拱桥,左右两侧各置一树,一高一低、一粗一细;主树高耸挺立,枝片疏朗,右侧枝跌向"桥"面;从树细小,婀娜斜立,内倾相拥,接应主树跌飘枝,两树顾盼呼应,拱桥相迎	主树右侧斜出飘枝为全树之首,高位定托,重点塑造,飘拂而下,与右侧从树相接;主树飘枝下以点枝补空,从树顶梢扬起。总体上,以水为中心,以桥为媒介,突出两树,枝托疏简,婀娜清秀	宜配水旱盆定植,树置盆右侧,树下留出水面,用小石点缀,更富有小桥流水的韵味	枝杈不宜粗短,且忌团状,要设点枝破三角形,否则感觉空泛,缺少变化
	丛林过桥式	有苍古与清新两种格调。前者类似荒古溪涧,树木经常年山洪急流的冲刷荡涤,虽横卧溪上,根却深扎于地面,而另一头则依土生根,使树干上萌出新芽,逐渐长成丛树,枝干曲遒劲,富有荒野野趣;后者桩树弯曲横跨两岸,桥上树木分设左右两组,近大远小,大小穿插,相拥水面,清风徐来,摇曳起舞,清新自然,一片江南景色	清新型的主树直立,次树向右斜行穿插,在求得变化的同时趋向水面;左侧两树近大远小;右侧小树均弓身向中聚拢;根据丛林造型原理定托以求向背。整体造型为内聚外展、疏密有致、飘逸洒脱、自然清新 苍古型的树干斜行盘曲、奇特、苍劲;组合排列,参差错落,斜偃仰卧,虽各具其态,但主次分明,总体趋势斜行,枝条曲直有序,走势自如,爪形鹿角交替并用,单树能成景,成林更相趣	宜配水旱盆或浅长方盆、椭圆盆,树基本置盆后侧	枝条不可僵直呆板,否则便无清新、动感与野趣了
腐干式盆景	洞穴式	隆出的头茎部木质部已部分腐空,留下皮层,形成洞穴,展示树木年代久远,老态龙钟,给人以历经沧桑之感	根据主干走向,结合根盘,尽可能将洞穴作为最佳观赏面。对洞穴边缘太规整的轮廓进行加工,使洞穴的外廓及其造型均有曲线变化。枝托根据主干姿势布设,主干底托上扬,跌枝向下飘斜,形成对比。下跌枝又与主干尾端一上一下形成抗力,增加力度,并设置第二托破其上下枝干形成的直线缺陷。整体上,要把握枝条、枝形粗短遒劲,才能与洞穴的苍老相匹配,洞穴外廓可根据意象进行加工	宜配浅椭圆盆或圆盆	枝节宁短勿长,且忌平直。洞穴加工不得太规整、太圆弧化,以免显得不自然
	斧劈式	从隆基至树身木质部大面积枯朽,木骨坚实、峰状,如同斧劈呈舍利干状态,边缘树皮残卷,线条奇曲,树相风采铮铮、慷慨悲凉,体现不屈不挠的抗争精神	以疏为佳,以简为行。主干飘枝大幅度跌落,高处出枝,斜出上扬,尾端曲节上,散点结顶;其间横出短枝以破平直,求得变化。总体造型无需翠盖如云,而是寥寥数枝,树相萧疏,绿叶点点,表现为枯中求荣,顽强屹立	宜配浅圆盆	不宜枝繁叶茂、头重脚轻,使得干、枝造型不相协调,也有违构思意象

类型		形态特征	造型要点	配盆	注意事项
枯朽式盆景	枯梢式	双树相携,枝繁叶茂,虽冠部枯梢,但仍战霜斗雪,傲然挺立	树干挺立,枝托下垂,带有曾经风雪荡涤之意。树梢收尖部分的枯干要自然,采用剥皮削尖或截折撕裂等手法,加工成自然枯朽的形态,待木质部水分蒸发后,涂抹石硫剂防止腐烂,干后呈灰白色,可增加自然美,虽为人作,宛若天成	宜配浅圆盆	枯梢制作应自然,避免人工痕迹。枝托不宜上扬,否则会使树势力度减弱
	枯枝式	枝繁叶茂、树影婆娑,翠盖中伸出一枯枝,表现出虽死犹荣的情韵	留住枝条主、次脉进行剥皮加工,僵直的枝条不宜制作枯枝,以免有失美观且不自然	用浅椭圆盆或长方盆均可	若遇枝托养护不慎,枯萎死亡,或遇桩坯嫁托枯枝及不宜制作托的枝杈,不必急于截除,可根据造型立意,反复斟酌,制作枯枝,化腐朽为神奇
	枯干式(舍利干)	树身大面积骨化硬质,呈灰白色,线条走向与树的水线纹理并趋,弯曲扭转,飘斜延伸。中尾部翠盖如云,与舍利干相互辉映,枯荣相照,表现出一种净洁、脱俗的精神境界	注重桩坯本身的枯干及其纹理走向,辅以技术加工与水线的处理。一般要求在观赏面能看到水线(保持树木存活的皮层带)并延续到根部,水线要求弯曲变化,顺木质肌理行走。水线宽窄要根据树的大小粗细,结合造型意象及视觉审美而定	根据树的形态而定,一般宜配中圆盆	枯干纹理加工与水线流向应二者合一,切忌横跨切割;水线应沿树身纹理走向绕道而行,才能使线条流畅

思考题

1. 简述盆景的分类方法。

2. 什么叫树石盆景?

3. 树石盆景有哪几种分类?

4. 水旱类树石盆景布局形式有哪几种?

5. 简述山水盆景的分类。

6. 常见的山水盆景形式都有哪些?

3 盆景工具和材料

3.1.1 树桩盆景制作工具

① 剪刀。包括弹簧剪刀、长条剪刀和小剪刀等。弹簧剪刀主要用于剪枝、剪根；长条剪刀用于修剪细枝叶；小剪刀用于剪扎。各种剪刀必须锋利、坚固，如图 3-1 所示。

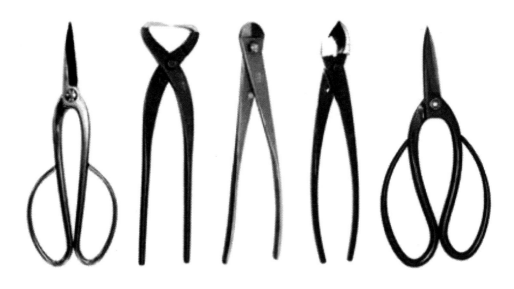

图 3-1 剪刀

② 锤子。有木锤、小铁锤等，主要用于加工树桩。

③ 凿子。用于根干的雕凿、挖槽、枯洞修整造型。

④ 锯子。包括普通的手锯、钢锯等，用于截断粗大枝干、树根、加工造型等，如图 3-2 所示。

图 3-2　手锯

⑤ 钳子。包括钢丝钳、尖口钳、虎钳等，用于截断和缠绕金属丝。

⑥ 小刀。包括嫁接刀和普通小刀。主要是在嫁接时来修削枝干。

⑦ 小花铲。主要是在装盆时用来铲土、配土、拌泥，以及起苗、移植和挖坑之用，如图 3-3 所示。

图 3-3　小花铲

⑧ 竹签。用于栽植换盆时剔除根土、松土。

⑨ 喷水壶。有大、中、小三种活头水壶，以坚固轻便为宜。主要用来淋水，卸下喷头又可用来淋肥，如图 3-4 所示。

⑩ 喷雾器。用于喷药及喷水。

⑪ 筛子。根据网眼的大小分大、中、小三种，用于筛培养土。

⑫ 工作台。用水泥预制或用木料制成，也可购买钢制旋转的工作台。工作台要求平稳，能旋转，以方便从各个角度观察、制作盆景，如图 3-5 所示。

图 3-4　喷水壶

图 3-5　工作台

3.1.2　盆景树木素材及选择原则

（1）盆景树木素材的选择原则

一般来说，选择盆景树种时应遵循以下原则：

① 选择无毒无刺、对人体无害的树种；

② 选择生长较慢、寿命较长的树种；

③ 选择节短枝密、叶片细小的树种；

④ 选择萌发力强、耐剪耐扎的树种；

⑤ 选择抗逆性强、病虫害少的树种；

⑥ 选择根、茎、叶、花、果等均具有一定观赏价值的树种。

（2）常见盆景树木素材

① 苏铁。苏铁科苏铁属植物。茎柱状，大羽状复叶集生顶端，常绿，雌雄异株。树姿挺拔雄健，叶形优美，油绿生辉，是美丽的盆景材料。喜温暖湿润气候及酸性土壤，不耐寒，生长慢，耐阴，忌涝。盆景加工要做到露根、矮干、纤叶。宜选用茎干畸形或多头植株，使其横斜偃卧，奇特古怪，引人入胜。常见种有苏铁、华南苏铁、云南苏铁、篦齿苏铁。如图 3-6 所示。

图 3-6　苏铁

② 银杏。银杏科银杏属植物，俗称白果树、公孙树，是著名的长寿树种。银杏为落叶乔木，有长短枝之分，叶形奇特呈扇形，先端常 2 裂，有长柄，在长枝上互生，短枝上簇生，雌雄异株，具肉质外种皮。银杏树生命力强，喜光、喜肥、耐寒、耐瘠。适应性强，病虫害少，生长慢，易于嫁接繁殖和整形修剪，是制作盆景的优质材料，也是中国盆景中常用的树种，银杏夏天遒劲葱绿，秋叶金黄，颇为美观，具有很高的观赏价值和经济价值。银杏盆景干粗、枝曲、根露、造型独特、苍劲潇洒、妙趣横生，是中国盆景中的一绝。取老桩或"银杏笋"作盆景，粗壮矮化，枝条蟠扎造型，养成直干式或悬崖式，古雅奇特，别具一格。给人以峻峭雄奇、华贵优雅之感，近年来日益受到重视，被誉为"活化石"和"有生命的艺雕"。如图 3-7 所示。

图 3-7　银杏

③ 罗汉松。罗汉松科罗汉松属植物。常绿乔木，树皮灰色或灰褐色，浅纵裂，成薄片状脱落，枝开展或斜展，较密。叶螺旋状着生，条状披针形。罗汉松较耐阴，喜温暖、排水良好及微润的沙质土或腐叶土中，怕寒冷。罗汉松主要有短叶罗汉松、狭叶罗汉松和柱冠罗汉松三个变种，以短叶罗汉松制作盆景为佳。如图 3-8 所示。

图 3-8　罗汉松

④ 澳洲杉。澳洲杉即异叶南洋杉，南洋杉科南洋杉属植物。树冠尖塔形，深绿色，树冠表皮常横裂或呈条片状脱落；新表皮具古铜色光泽。茎干直立，侧枝轮生，水平伸展。小枝二列互生，水平延伸或略下垂。叶有二型：幼树或侧枝上的叶为钻形，向上弯曲，长约 12 厘米，排列疏松，亮绿色；大树或老枝上的叶卵形或三角状卵形，长约 6 厘米，排列紧密；球果近圆形。由于澳洲杉枝叶奇特，枝干古朴，根如龙爪，且易于整形，很受欢迎。如图 3-9 所示。

图 3-9　澳洲杉

⑤ 红豆杉。红豆杉为红豆杉科红豆杉属植物，又名紫杉。红豆杉为常绿乔木，小枝互生，到秋天变黄绿色或淡红褐色；冬芽鳞片背部圆或有钝棱脊；镰刀形叶子，二列式，长1.5～3厘米，比其他红豆杉属的叶子更阔，末端尖而细小，叶底有两道黄间；花腋生，雌雄异株；扁卵形种子，两侧各有一不明显的棱脊，围有红色杯状假种皮。如图3-10所示。

图 3-10　红豆杉

⑥ 金钱松。松科金钱松属植物。落叶乔木，树皮鳞片状开裂，有长短枝，叶扁线形，长3～7厘米，柔软鲜绿，在长枝上螺旋状排列，短枝上轮状簇生，枝条优美，入秋变得黄如金钱，甚为美观，我国特产，为世界名贵庭园观赏树之一。分布于长江中下游一带。强阳性，喜温暖多雨气候及酸性土壤，不耐寒。浙江多用作合栽式，也可制作丛林式盆景。如图3-11所示。

图 3-11　金钱松

⑦ 雪松。松科雪松属植物。常绿乔木，大枝平展，小枝略下垂，叶针形，坚硬，灰绿

色，长枝上散生，短枝上簇生。原产喜马拉雅山，喜光，稍耐阴，耐寒，不耐风吹干旱，不耐水湿。为良好的盆景材料，国外常用，观赏效果颇佳。如图 3-12 所示。

图 3-12 雪松

⑧ 五针松。五针松即日本五针松，松科松属植物。常绿乔木，性喜阳光、酸土，耐瘠薄、干旱，忌重肥。忌阴湿积水，放置场地应具备适当日照条件，既喜温暖，又怕盛夏的烈日，夏天宜适当遮阳，叶面多喷水。如图 3-13 所示。

图 3-13 五针松

⑨ 黑松。松科松属植物。常绿乔木，树皮暗灰色，老则灰黑色，粗厚。叶针状，深绿色，有光泽，粗硬。阳性树种，性喜温暖，耐寒、耐干旱，适宜生长于湿润和排水良好的中性砂质土壤中。如图 3-14 所示。

图 3-14　黑松

⑩ 马尾松。松科松属植物。常绿乔木，树皮裂成不规则厚块片。针叶长而软，长 12～20 厘米。广布于长江以南各省。强阳性，喜温暖湿润气候，酸性土壤，深根性，生长快。如图 3-15 所示。

图 3-15　马尾松

⑪ 圆柏。柏科常绿乔木，高达 15 米左右。树皮红褐色至灰褐色，幼时作片状剥落，老龄浅纵裂。树冠幼时尖塔形，老时变广圆形；小枝初绿色，后变红褐色至紫褐色。叶二型，通常幼时全为刺形，后渐为刺形与鳞形并存，壮龄后皆为鳞形叶；鳞叶小，长 1.5～2 毫米，先端钝，菱状卵形，交叉对生，叶背中部具椭圆形微凹腺体。雌雄异株。球果近球形；3 月开花，翌年 10 月种子成熟。本种有龙柏、蜀桧、堰柏等多个变种。抗性强，耐修剪，是制作悬崖盆景的最好材料。如图 3-16 所示。

图 3-16　圆柏

⑫ 福建茶。福建茶即基及树，紫草科基及树属植物。常绿灌木，叶长椭圆形。春、夏开小白花。果扁圆，初绿后红。寒冷地区冬天须移入室内或放于塑料薄膜棚架内养护过冬，否则叶片会逐渐变黑脱落以至死亡。性喜温暖和湿润气候，怕寒冷，宜生长在疏松肥沃的土壤中。如图 3-17 所示。

图 3-17　福建茶

⑬ 紫藤。豆科紫藤属植物。落叶大型藤本，奇数羽状复叶，互生，小叶 7～13 片，春天先叶开花，紫色蝶形，繁花柔垂，具有清香，老干虬曲，蟠屈自然，甚为悦目。喜光，稍耐阴，较耐寒，宜深厚肥沃轻壤栽培，适应性较强，主根少，不耐移栽。如图 3-18 所示。

图 3-18 紫藤

⑭ 雀梅。雀梅即雀梅藤，鼠李科雀梅藤属植物。攀缘灌木，梗有刺，经过人工栽培后其针刺逐步退化。叶对生色青绿，革质具有光泽，边缘有小锯齿，夏日开淡绿色小花，秋结实如黄豆大，熟时紫黑，可食，味酸带甜。根干自然而奇特，树姿苍劲古雅。雀梅有大叶、中叶、小叶三种，盆景种植最好选择小叶雀梅，这样利于造型。大叶雀梅也可做盆景，但大叶雀梅的叶片较大，而且枝间距也长，没有小叶雀梅的密集，只能做中大型盆景，不能做小型的盆景，否则欣赏价值不高。雀梅性喜阳光，稍耐阴，耐干旱瘠薄，耐修剪，萌发力很强，寿命长，易造型，是制作盆景的优良树种之一。如图 3-19 所示。

图 3-19 雀梅

⑮ 榕树。桑科榕属。常绿小乔木，具须状气生根，叶卵形，革质，光泽，树姿优雅奇异，枝叶浓绿，颇具南国特色，根干奇曲，形态自然，实为佳珍。喜光，不耐寒耐湿，喜酸性土，生长快，易萌发。如图 3-20 所示。

图 3-20　榕树

⑯ 叶子花。紫茉莉科叶子花属植物，因苞片三角形，故又称为三角花。攀缘灌木，有枝刺，叶密生柔毛。单叶互生，卵圆形或卵椭圆形，长 5～10 厘米。花常三朵顶生，苞片叶状，美丽，鲜红。喜光，不耐寒，花期长，6～12 月份开花。变种有砖红叶子花，花砖红色。园林中多用于盆栽或盆景。如图 3-21 所示。

图 3-21　叶子花

⑰ 金银花。忍冬科忍冬属植物。半常绿藤本，小枝细长中空，叶对生，入冬叶色带红；花刚开时白色，后逐渐变黄，故称金银花。喜光，稍耐阴，耐寒，耐干旱。对土壤要求不严，但肥沃、湿润的沙壤土生长最佳。萌蘖性很强，挖根盆栽，枝条细柔，可任意绑扎。如图 3-22 所示。

图 3-22　金银花

⑱ 榆树。榆科榆属植物。落叶乔木，老干斑驳奇特，小叶革质，树姿古朴，易造型，姿态美，且喜光，稍耐阴，对土壤要求不严，萌发力强。榆属植物中尤以榔榆为佳，为盆景之上上品素材。如图 3-23 所示。

图 3-23　榆树

⑲ 九里香。芸香科九里香属植物，常绿灌木或小乔木，又名石辣椒、九秋香、九树香、七里香、千里香、万里香、过山香、黄金桂、山黄皮、千只眼、月橘。分枝多，树干比较光滑，无毛。单数羽状复叶，叶轴不具翅，互生，变异大，叶由卵形至近菱形，全缘，叶面深绿色，有光泽。春、夏、秋开花，花极芳香。果朱红色，锤形或榄形，大小变化很大。性喜温暖、湿润，怕寒冷；宜生长在排水良好的肥沃土壤里，在南方生长最好。南方地区多用作围篱材料，或作花圃及宾馆的点缀品，亦为盆景优良材料。如图 3-24 所示。

图 3-24　九里香

⑳ 枸骨冬青。枸骨冬青即枸骨，冬青科冬青属植物，常绿灌木或小乔木。树皮灰白色，平滑；叶硬革质，有光泽，矩圆状四方形，顶端扩大，有硬而夹的刺齿，花白色，果实椭圆形或近球形，成熟时深红色，簇生于小枝上。性喜阳光、温暖，不耐寒，适宜生长在疏松的酸性肥沃土壤中。如图 3-25 所示。

图 3-25　枸骨冬青

㉑ 石榴。千屈菜科石榴属植物。落叶灌木或小乔木，老干刚劲古朴，幼枝常呈四棱形，顶端多为刺状。叶对生或近簇生，矩圆形或倒卵形。性喜温暖，于排水良好且湿润、肥沃的

沙质壤土上栽种为宜。如土壤略带黏性，而且富含石灰质，则发育好，结果多。易于繁殖，耐整形修剪。如图3-26所示。

图 3-26　石榴

㉒火棘。蔷薇科火棘属植物，常绿灌木，枝铺散常下垂，短枝梢部具枝刺；单叶互生，卵状或倒卵状长圆形；春天开白色花，秋天红果（也有黄果品种），密生小枝之上，异常艳丽。喜空气湿润、肥沃而排水良好的条件，中生树，耐修剪，萌发力强，在强光下也能良好的生长，具有一定的抗寒力，但忌干旱。如图3-27所示。

图 3-27　火棘

㉓枫香树。金缕梅科枫香属植物，也称枫树、三角枫。落叶乔木，单叶互生，绿色，3裂或5裂，叶形掌状平伸，边缘有细小锯齿；秋天，叶片变成红色，冬天脱落。树干光滑，

多年老树干渐粗变褐色。喜阳光，长势强健，不易遭受虫害。如图 3-28 所示。

图 3-28 枫香树

㉔ 槭树。槭树科槭树属植物。木本，叶对生，单叶，掌状分裂，或复叶（建始槭、糖槭），秋叶红艳；花单性或杂性，翅果，成熟时由中间裂开，每瓣有一粒种子。作为盆景用的种类主要有三角枫、鸡爪槭。三角枫老桩制作盆景，主干扭弯隆起，枝条盘错，颇为奇特。经蟠扎修剪造型，可育成悬崖式或飘逸式盆景，古雅自然。鸡爪槭及其变种变型，叶形秀丽，红艳夺目，制成盆景，别具风韵。如图 3-29 所示。

图 3-29 槭树（鸡爪槭）（左），三角枫（右）

㉕ 老鸦柿。老鸦柿为柿科柿属植物，灌木，高 2～4 米；树皮褐色，有光泽；枝有刺，嫩枝带淡紫色。叶卵状菱形至倒卵形；花白色，单生叶腋；浆果卵球形，直径约 2 厘米，熟

时红色，有蜡质及光泽。花期 4 月，果熟期 10 月。分布于山坡灌丛或山谷沟畔林中。如图 3-30 所示。

图 3-30　老鸦柿

㉖ 桂花。木犀科木犀属植物。常绿小乔木，树皮灰色，单叶对生，腋有叠芽。花小浓香，成腋生或顶生聚伞花序，9 月开放。喜光，喜温暖气候及酸性土壤，不耐寒。主要品种和变种有丹桂（图 3-31）、金桂、银桂、四季桂等。

图 3-31　丹桂

㉗ 柽柳。柽柳科柽柳属植物，别名西河柳、红柳、垂丝柳等。落叶灌木，树皮红色，枝条拱垂，叶鳞片状披针形，互生，叶小而密，浅绿色；总状花序侧生在生木质化的小枝上，花粉红色。喜光，耐旱，亦耐水湿，最适生长水边，耐盐碱性强，亦能抗有害气体。整形应在 4～5 月份，新枝蟠扎下垂，迟则易断。如图 3-32 所示。

图 3-32　柽柳

㉘ 朴树。大麻科朴属落叶乔木，高达 20 米；树皮灰褐色，光滑不开裂，枝条平展。当年生小枝密生毛。叶质较厚，阔卵形或圆形，中上部边缘有锯齿；三出脉，侧脉在六对以下，不直达叶缘，叶面无毛，叶脉沿背疏生短柔毛。喜光耐阴。喜肥厚湿润疏松的土壤，耐干旱瘠薄，耐轻度盐碱，耐水湿。适应性强，深根性，萌芽力强，抗风。耐烟尘，抗污染。生长较快，寿命长。如图 3-33 所示。

图 3-33　朴树

㉙ 栀子花。茜草科栀子花属植物，又名栀子、黄栀子。常绿灌木，小枝绿色，叶对生或 3 枚轮生，革质，长椭圆形，常绿有光泽，5～6 月份开放，先为洁白，落前变黄，芬芳

扑鼻。喜光，稍耐阴，喜温暖湿润气候及酸性肥沃排水良好的沙质壤土。有多变种，小叶栀子、水栀子、狭叶栀子、黄栀子等。如图 3-34 所示。

图 3-34　栀子花（黄栀子）

　　㉚ 六月雪。茜草科六月雪属植物。半常绿矮小灌木，枝密生，单叶对生或簇生状，狭椭圆形，全缘，花小，白色，漏斗状，有金边和银边叶品种。喜温暖湿润气候及酸性排水良好的土壤，稍耐旱、耐寒，萌蘖性强耐修剪。挖掘山野老桩或人工育苗上盆，经蟠扎修剪造型，可制成直干式、横斜式或虬曲式盆景，形态看上去苍劲古雅，叶秀花繁，惹人喜爱。如图 3-35 所示。

图 3-35　金边六月雪

㉛ 南天竹。小檗科南天竹属植物，别名南天竺、红杷子、天烛子、红枸子、钻石黄、天竹、兰竹等。常绿灌木，丛生而少分枝，二至三回羽状复叶，互生，小叶椭圆状披针形，长 3～10 厘米，全缘，两面无毛。小白花，成顶生圆锥花序，浆果球形，鲜红色，也有秋叶金黄、果黄色的品种（玉果天竺）。耐阴，不耐寒。如图 3-36 所示。

图 3-36　南天竹

㉜ 紫薇。千屈菜科紫薇属。落叶小乔木，树干光滑，黄褐色，叶近对生或上部互生，椭圆形，花紫红色，夏秋开放，花期长。喜光，喜温暖气候，稍耐寒，适生于土壤肥沃湿润处，亦耐旱。萌蘖性强，极耐修剪。姿态优美，花色艳丽，是观花盆景之上品，选取老桩上盆造型，干部枯峰，枝若蟠龙，更显古趣盎然。如图 3-37 所示。

图 3-37　紫薇

㉝ 枸杞。茄科枸杞属植物。落叶灌木，丛生，枝条拱形。叶互生，卵形或卵状披针形，花单生或簇生于叶腋，紫花，浆果橘红色。喜光，耐旱，耐寒，适应性强，耐盐碱。枸杞为观花、观果的盆景材料。如图3-38所示。

图 3-38　枸杞

㉞ 杜鹃。又名映山红、山石榴，为杜鹃花科杜鹃属常绿或平常绿灌木。常绿或落叶，分枝多而纤细，密被亮棕褐色扁平糙伏毛。叶革质，常集生枝端，卵形、椭圆状卵形或倒卵形或倒卵形至倒披针形；花冠阔漏斗形，玫瑰色、鲜红色或暗红色裂片5，倒卵形，上部裂片具深红色斑点。喜光，亦能耐阴，喜温暖湿润或凉爽的气候及酸性土。树姿优雅，繁花艳丽，是观花盆景的主要材料，尤其是小叶种杜鹃，叶密花繁，更具特色。如图3-39所示。

图 3-39　杜鹃

㉟ 梅。又名梅花，别名：春梅、干枝梅、酸梅、乌梅，蔷薇科杏属小乔木，高 4～10 米；树皮浅灰色或带绿色，平滑；小枝绿色，光滑无毛。叶片卵形或椭圆形，叶边常具小锐锯齿，灰绿色；叶柄长 1～2 厘米，常有腺体。花单生或有时 2 朵同生于 1 芽内，直径 2～2.5 厘米，香味浓，先于叶开放；花梗短，长 1～3 毫米，常无毛；花萼通常红褐色，但有些品种的花萼为绿色或绿紫色；花瓣倒卵形，白色至红色；果实近球形，直径 2～3 厘米，黄色或绿白色，被柔毛，味酸。梅以它的高洁、坚强、谦虚的品格，给人以立志奋发的激励。如图 3-40 所示。

图 3-40　梅花和龙游梅

㊱ 蜡梅。别名金梅、蜡花、黄梅花，蜡梅科蜡梅属植物。落叶灌木或小乔木，常丛生。叶对生，椭圆状卵形至卵状披针形，花着生于第二年生枝条叶腋内，先花后叶；花黄色，芳香，直径 2～4 厘米；花被片圆形、长圆形、倒卵形、椭圆形或匙形；果托近木质化，口部收缩，并具有锥状披针形的被毛附生物；冬末先叶开花。有磬口蜡梅、素心蜡梅、狗蝇蜡梅等品种。蜡梅在百花凋零的隆冬绽蕾，斗寒傲霜，表现了永不屈服的性格，给人以精神的启迪，美的享受。它利于庭院栽植，又适作古桩盆景和插花与造型艺术，是冬季赏花的理想名贵花木。如图 3-41 所示。

㊲ 黄荆。又称五指柑、五指风、布荆，黄荆条。马鞭草科牡荆属植物。主要分布在长江以南地区、北达秦岭淮河一带。落叶灌木或小乔木，高达 5 米。小枝方形，密生灰白色绒毛。叶对生，通常掌状五出复叶，有时为三出复叶，中间小叶最大，两侧依次渐小；小叶片椭圆状卵形至扩大钱形，先端渐尖，基部楔形，通常全缘或有少数浅锯齿。圆锥花序顶生，长 10～27 厘米；花萼钟形，顶端 5 裂；花冠淡紫色，外面有绒毛，顶端 5 裂，2 唇形。核果球形，黑褐色。如图 3-42 所示。

图 3-41　蜡梅

图 3-42　黄荆

㊳ 碧桃。蔷薇科桃属植物。碧桃是桃的一个变种，习惯上将属于观赏桃花类的半重瓣及重瓣品种统称为碧桃。碧桃的花期为 3～4 月，较梅花花期长，花朵丰腴，色彩鲜艳丰富，花型多。常见栽培的品种有白碧桃、红碧桃，有在同一株、同一花甚至同一瓣上有粉白两色的洒金碧桃，还有菊花碧桃、五色碧桃、垂枝碧桃、红叶碧桃等变种。我国是碧桃的故乡，自古就有栽种、观赏碧桃的习惯。碧桃具有易成活、盆栽造型时间短、可人工控制花期的优势，因此，是布置居室、厅堂、会场的优秀春季观花盆景。碧桃树干柔软，造型容易，可依据树势制作成斜干式、曲干式、临水式、悬崖式、双干式和丛林式，甚至可制作成提根式等盆景，一般只要养护得当，3 年便可培养出造型美观的碧桃盆景。一盆美丽的碧桃盆景，将会使人顿感满室生春，情趣盎然。碧桃喜高温，有一定的耐寒力，喜光、耐旱，喜肥沃而排水良好的土壤，不耐水湿，在碱性及黏土上，均生长不良。如图 3-43 所示。

图 3-43　碧桃

㊴　檵木。金缕梅科檵木属植物。灌木，有时为小乔木，多分枝，小枝有星毛。叶革质，卵形，全缘；花3～8朵簇生，有短花梗，白色，比新叶先开放，或与嫩叶同时开放，花瓣4片；蒴果卵圆形。檵木的变种红花檵木原产湖南浏阳宁都一带，它是在特定的外界条件下，从金缕梅科檵木属分离出来的一个自然杂交变种。叶常年紫红色，花红色。花期一般在2月底至4月初，这个时候的花期长，花最多，整棵树见花不见叶，时间可持续1个多月。在南方大部分地区一年四季都能开花，但除了正常花期外，其他时间的花相对较少，时间较短，在15天左右。红花檵木喜温暖向阳的环境和肥沃湿润的微酸性疏松土壤，耐寒、耐修剪，易生长。因红花檵木的叶红，花红，树形优美，枝繁叶茂，性状稳定，适应性强，而大量用于绿化环境，美化公园、庭院，观赏价值极高，成为最近几年来园林造型应用最广的彩色树种之一。如图3-44所示。

图 3-44　檵木和红花檵木

㊵ 水杨梅。茜草科水团花属植物，又称水团花。落叶小灌木，高 1～3 米；小枝延长，具赤褐色微毛，后无毛；叶对生，近无柄，薄革质，卵状披针形或卵状椭圆形，全缘；头状花序，不计花冠直径 4～5 毫米，单生，顶生或兼有腋生，总花梗略被柔毛；小苞片线形或线状棒形；花萼管疏被短柔毛，萼裂片匙形或匙状棒形；花冠管长 2～3 毫米，5 裂，花冠裂片三角状，紫红色。果序直径 8～12 毫米；小蒴果长卵状楔形，长 3 毫米。花、果期 5～12 月。由于该树木茎秆古朴，叶小且亮，花序球形而美丽。如图 3-45 所示。

图 3-45　水杨梅

㊶ 小叶黄杨。黄杨科黄杨属植物，是多种植物的统称，其细分品种有雀舌黄杨，瓜子黄杨，北海道黄杨，等等。常绿灌木或小乔木，高 1～6 米；枝圆柱形，有纵棱，灰白色；小枝四棱形；叶革质，阔椭圆形、阔倒卵形、卵状椭圆形或长圆形，叶面光亮，叶子是先端圆或者是先端有小刺，中脉凸出，常密被白色短线状钟乳体；花序腋生，蒴果近球形。花期 3 月，果期 5～6 月。如图 3-46 所示。

图 3-46　小叶黄杨

㊷ 十大功劳。小檗科十大功劳属植物，常绿小灌木，奇数羽状复叶，叶绿具刺状齿，叶色亮绿，枝顶着总状花序，花黄形小，果球形，熟时蓝黑色被白霜，姿态特异。喜温暖，宜在排水良好的湿润壤土生长，颇耐阴。本属有多个种，尤以阔叶十大功劳和湖北十大功劳作为盆景材料为好。如图 3-47 所示。

图 3-47　十大功劳

㊸ 棕竹。又称观音竹、筋头竹、棕榈竹、矮棕竹，为棕榈科棕竹属常绿观叶植物。常绿丛生灌木，秆细而有节似竹，包有网状叶鞘，叶似棕榈而小，掌状 7～20 深裂，雌雄异株。喜阴，喜湿润酸土。常用于盆栽或盆景。如图 3-48 所示。

图 3-48　棕竹

㊹ 凤尾竹。禾本科箣竹属植物。它的株型矮小，绿叶细密婆娑，风韵潇洒，好似凤尾。支干纤细，竹竿上端由于枝繁叶茂，干细，加之负担过重，形成向下低垂，状似少女含羞把头低下，默默无言。凤尾竹枝叶纤细，茎略弯曲下垂，状似凤尾，体态潇洒，观赏价值较高，宜作庭院丛栽，也可作盆景植物，配以山石，摆件，很有雅趣。枝干稠密，纤细而下弯。叶细小，长约 3 厘米，常 20 片排生于枝的两侧，似羽状。如图 3-49 所示。

图 3-49　凤尾竹

㊺ 佛肚竹。禾本科箣竹属植物。秆有两种，正常秆高，节间长，畸形秆粗矮，节间短，下部节间膨大，状如花瓶。常用于盆栽盆景。如图 3-50 所示。

图 3-50　佛肚竹

㊻ 紫竹。禾本科刚竹属植物。紫竹产于长江中下游及以南各省。抗寒性强，能耐－20℃低温。亦能耐阴，稍耐水湿，适应性较强。对土壤的要求不高，但以疏松肥沃的微酸性土壤为好。土薄则矮化丛生，忌涝。地下茎单轴散生，秆高 3～8 米。秆幼时淡绿色，密被细绒毛，有白粉，1 年后渐变为棕紫色至紫黑色。秆节处两环较隆起，箨环下有白粉。叶二三枚生于顶端，窄披针形，先端渐长尖，下面基部有细毛。边缘有小齿，背面有白粉。笋期 4 月下旬。

紫竹秆紫黑色，叶翠绿，傲雪凌霜，四季常青，紫色的竹秆与绿色的叶片交互相映，姿态潇洒，十分别致，极具观赏价值。宜与观赏竹种配植或植于山石之间、园路两侧、池畔水边、书斋和厅堂四周。可盆栽，亦可制丛林式或竹石盆景供观赏。如图 3-51 所示。

图 3-51　紫竹

㊼ 常春藤。五加科常春藤属植物。常绿藤木，借气根攀缘，幼枝上有星状柔毛。单叶互生，全缘，营养枝上的叶 3～5 浅裂，花果枝上的叶无裂为卵状菱形。果黑色。原产欧洲，国内栽培普遍。有斑叶、金边、银边、柳叶、三角形、星形叶等观赏变种。耐阴，不耐寒，常用于山水盆景垂直绿化或岩石园或室内绿化。如图 3-52 所示。

图 3-52　常春藤

㊽ 石菖蒲。天南星科菖蒲属植物。分布于我国南北各地，日本、泰国及印度也有分布。喜阴湿环境，适应性强，忌干旱。多年生常绿草本，株高 30～40 厘米，全株具香气，根块茎于地下匍匐行走。叶基生，剑状条形，端渐尖。花葶叶状，短于叶丛，顶生圆柱状肉穗花序；花小，密生，黄绿色。品种极多，有金线、银线等变种，叶分别有黄色、乳白色条斑。宜于制作微型盆景或作山水盆景点缀材料。如图 3-53 所示。

图 3-53　石菖蒲

㊾ 小菊。菊科母菊属植物。分枝多，开花繁密。花色有黄、红、粉、白色，品种有 50 余个，北小菊盆景最为著名，代表了北盆景的地方风格。如图 3-54 所示。

图 3-54　小菊

㊿ 文竹。天门冬科天门冬属植物。多年生草质藤本。叶状枝纤细而簇生，圆柱状，绿色。叶小形鳞片状，主茎上的鳞片叶多呈刺状。小白花，紫黑浆果。栽培变种有矮文竹、细叶文竹、大文竹等。喜温暖、湿润，耐阴，不耐旱，宜栽在疏松沙质壤土中。文竹可与赏石配置制成文雅秀丽，玲珑剔透的盆景，更多的作为山水盆景的点缀材料。如图 3-55 所示。

图 3-55 文竹

(51) 建兰。兰科兰属植物。叶阔线形，长 30～60 厘米，多直立，叶缘光滑，总状花序，着花 6～12 朵，花黄绿色至黄褐色，有暗紫色条纹。香味甚浓，花期 7～9 月。喜温暖湿润气候及酸性腐殖土。如图 3-56 所示。

图 3-56 建兰

(52) 铁线蕨。铁线蕨科铁线蕨属植物，因其茎细长且颜色似铁丝，故名铁线蕨。为多年生草本，植株高 15～40 厘米。根状茎细长横走，密被棕色披针形鳞片；叶远生或近生；柄长 5～20 厘米，粗约 1 毫米，纤细，栗黑色，有光泽，基部被与根状茎上同样的鳞片，向上光滑，叶片卵状三角形，长 10～25 厘米，宽 8～16 厘米，尖头，基部楔形，中部以下多为二回羽状，中部以上为一回奇数羽状；羽片 3～5 对，互生，斜向上，有柄（长可达 1.5 厘米），顶生小羽片扇形。如图 3-57 所示。

图 3-57 铁线蕨

(53) 苔藓。苔藓植物可分为苔类、藓类和角苔类，属于最低级的高等植物。苔藓植物是一种小型的绿色植物，结构简单，仅包含茎和叶两部分，有时只有扁平的叶状体，没有真正的根和维管束。苔藓植物喜欢有一定阳光及潮湿的环境，一般生长在裸露的石壁上，或潮湿的森林和沼泽地。盆景土面生长的常见苔类是地钱。地钱的植物体呈扁平两叉分枝的叶状体，匍匐生长，生长点在两叉分枝的凹陷处，叶状体分为背腹两面，背面深绿，表面生有突出的圆形杯状体，叫胞芽杯。杯中产生若干枚绿色带柄的胞芽，胞芽脱落后，能长成新苔。常见的藓类为葫芦藓，其植物体矮小直立，有茎、叶分化。茎细而短，基部分枝，下生有多细胞假根。叶小而薄，具中肋，生于茎上，配子体是雌雄同株，雌雄性生殖器官分别生于不同的枝顶，靠孢子繁殖。如图 3-58 所示。

(54) 真柏。柏科属，匍匐灌木，是制作盆景的优异素材之一。喜光，略耐阴，耐寒性强，亦耐瘠薄，能生于岩石缝中；对土壤要求不严，中性土、石灰性土均能适应。但以肥沃、深厚及含腐殖质丰富的土壤最宜，如图 3-59 所示。

图 3-58　地钱和葫芦藓

图 3-59　真柏

(55) 侧柏。侧柏系柏科圆柏属常绿乔木。别名扁柏。侧柏四季常青，枝条平斜展开、鳞状叶、两面均为淡绿色。树皮薄红褐色，老树有条状纵裂，树形优雅，经盆艺者加工，提高了侧柏盆景的观赏性，如图 3-60 所示。

(56) 对节白蜡。对节白蜡即湖北梣，在盆景界多用其别称。对节白蜡系木犀科梣属落叶乔木。对节白蜡是速生型树种，生长较快，适应性强，夏季能耐 40℃的高温，冬季在－15℃也能越冬。对节白蜡寿命长，已被专家学者列入长寿树种范畴。对节白蜡叶小枝密，萌发力强，耐修剪，如图 3-61 所示。

(57) 黄栌。黄栌系漆树科黄栌属落叶灌木或小乔木。别名红叶树、烟树。黄栌春季淡绿色的新叶萌发，给观赏者以欣欣向荣的感受。夏季叶片苍翠、枝繁叶茂，显得生机蓬勃。秋末冬初，寒风吹拂，叶片由绿变黄、然后变红，红艳似火、惹人喜爱。总之一年四季都有景

图 3-60　侧柏

图 3-61　对节白蜡

可观，黄栌是观叶盆景优良树种，如图 3-62 所示。

　　58 海棠。海棠为蔷薇科，落叶灌木。叶卵形至长椭圆形，边缘有锐锯齿，春季先叶开花，2～6 朵簇生。木质较硬，皮层较厚。海棠盆景有四品，即西府、垂丝、木瓜和贴梗海棠，在自然类树桩盆景中为少见之树种，由于叶大花艳落叶可作观花观干的应用类型，如图 3-63 所示。

图 3-62　黄栌

图 3-63　海棠

3.2　山水盆景常用工具和材料

3.2.1　山水盆景制作工具和辅助材料

① 切石机。切割硬质石料，软石可用钳工手锯。

② 凿子。用以凿出山石的大致轮廓，挖凿细小的洞和纹理，尤其是一些较深的洞。凿子有大小不同型号，以对不同规格的石料加工。

③ 特制小锤。即小山子，一头呈尖嘴，另一头呈斧刃状，用来细凿沟壑、雕琢峰峦的皱纹。

④ 刻刀。有平口、圆口、斜口等不同型号，以适宜铲、挖、雕的不同需要，用于加工雕琢疏松的石料和细小的纹理，以及洞穴和精巧的配景等。

⑤ 锉刀。有圆形、方形的，有大小不同的型号，用于锉石料。

⑥ 钢丝刷。盆景雕琢后用钢丝适度擦刷，使之自然。

⑦ 铁锤。一头为平头，铁锤和凿子共用，用以敲打凿刻进行整形。

⑧ 钢锯。用来截锯分劈石料，锯平石料底部，以利于山体的平稳安放。

⑨ 颜料。对一些石料进行染色用。

⑩ 油画笔。用来洗刷石隙缝间水泥残渣。

⑪ 水泥。用于胶合石头。

3.2.2 盆景山石素材

我国地域辽阔，地质构造复杂，岩石资源极其丰富，种类繁多，适宜作为山水盆景和盆景配石的石种很多，宋代杜绾撰写的《云林石谱》上记载的观赏石类就有116种之多，其中大多能用于盆景制作。

盆景石料总体可分为软石类和硬石类。各种山石材料，其用途及用法各不相同，或作山水盆景主体；或作树木盆景的点缀，或作陡峭险峰，或作平缓岗峦等。

制作盆景的山石种类繁多，常用的山石有30多种，大体可分为软质石和硬质石两大类。软质石质地比较松软，能长青苔，但造型后易风化；硬质石则质地坚硬，不吸水，难长青苔，不易加工。不管是松质或硬质山石，制作盆景的石材必须具有天然的纹理、色彩以及形态自然等特点。

（1）软石类（松质石类）

软石类质地疏松，多孔隙，容易加工雕琢造型，吸水性好，可生长苔藓，有利于草木扎根生长。养护多年生的软石盆景，每当春夏间一片葱绿，生趣盎然，民间称之为"活石"，缺点是较易风化剥蚀。

① 砂积石。砂积石系泥砂与碳酸钙凝聚而成，呈灰褐色或土黄色，因产地不同，不但色泽有深浅之分，而且质地的松硬程度也有差别，质地不太均匀，含泥砂多处松，含碳酸钙多处坚。砂积石质轻而松，可根据需要，随心所欲地雕出各种形态的峰、洞、岩以及纹理等，还因其吸水性好，易长青苔，利于植物生长。因此，这种砂积石是制作山水盆景和附石式盆景最常用的石料之一。但这种石料也有缺点，石感不强，容易破损、风化，冬季需移至室内，免冻坏。常用于表现崇山峻岭、山清水秀之景色。如图3-64所示。

图 3-64 砂积石

② 芦管石。同砂积石的质地、颜色及产地基本相同。多以错综管状纹理构成，形态奇特，有粗细芦管之分，粗的像毛竹，细的如麦秆（又称麦秆石）、芦管。天然形成的管状管孔交叉，瘦骨嶙峋，玲珑剔透形状奇特，是表现奇峰异洞、山水风光的好景石。产地与砂积石同，有时相互夹杂一起。选取该石时，应取其自然、完整的部分，稍微加工便可成型。但加工时要特别小心，否则芦管石断裂会影响自然美。宜作山水盆景。如图 3-65 所示。

图 3-65　芦管石

③ 浮石。浮石是玄武岩的一种，是由火山喷发的岩浆泡沫冷凝而成。颜色有灰、灰黄、灰白及灰黑等色，以灰黑色的质量最好。质地疏松，内部有较均匀的小孔，能浮于水面，吸水性好，易附植各种小植物，易加工出各种皴纹。用小刀可随意雕刻出各种形态。缺点是易风化，很少有大料，宜作小型山水盆景用。此石产于长白山天池，黑龙江嫩江及各地火山口附近。如图 3-66 所示。

图 3-66　浮石

④ 海母石（珊瑚石）。海母石是由珊瑚遗体聚积而成，主要成分为石灰质，因多产于海水中，含有较多的盐分，需要用清水浸洗较长时间，去其盐分，才可附植小草木。该石质地疏松，分粗质和细质两种，粗质较硬，不便加工，细质为好，有些还能浮于水面。便于雕琢，吸水性好。石感性差，宜作中小型山水盆景。这种石料多产于东南沿海一带，海滨地带，福建最多。如图3-67所示。

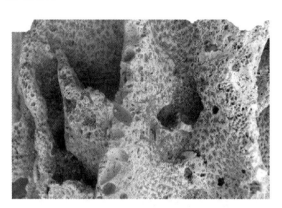

图 3-67　海母石

⑤ 鸡骨石。乳黄或灰黄，表面皱纹复杂，皱裂很浑，常常透空，有似鸡骨状。吸水性能一般，透漏的特点较显著。缺点是过于奇特，处理不当则有失真实感，可作山水盆景，亦可作树木盆景配石，产于四川等地。如图3-68所示。

图 3-68　鸡骨石

（2）硬石类

① 灵璧石。灵璧石又名磬石，产于安徽省灵璧县，是我国稀有的名石，它质地坚硬，叩之有金属声。可谓"声如青铜色如玉，乃天下奇也"。灵璧石有黑色、白色、黄色，也有

的夹杂有黑、白、赭、绿、红等色，俗称五彩灵璧。形态与英石相似，但表面皴纹较少。此石不吸水，不宜加工，宜作案头清供，配以红木几架，也可作桩景配石。如图 3-69 所示。

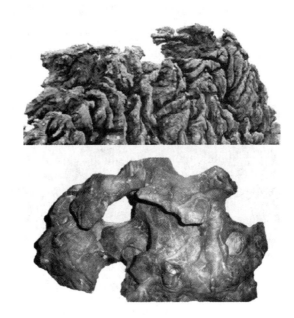

图 3-69　灵璧石

② 蜡石。蜡石属传统观赏石种，无整体的岩层，多以独石存在于山中。产于我国南方各地的山坑里。其质地坚硬，经常被水冲击，形成各种形态。不易加工造型，常作供石或桩景配石。颜色有深黄、浅黄、白色等。全石以无损坏、无杂质、表面滑静而有光泽及以窦穴奇形怪状的为珍品。如图 3-70 所示。

图 3-70　蜡石

③ 英石（石灰岩石）。英石即英德石，盛产于广东英德一带，是石灰石经长期侵蚀风化而成。其颜色白色或灰色、浅灰色，或黑白混杂，以灰黑色为多，间有白色，偶有绿色和带白纹理的杂色。质地坚硬，不吸水，不易破碎，加工较困难。以峥嵘、多孔、嶙峋、表面皴纹丰富多变，天然形成的为最佳。英石为传统观赏石种之一，可作为山水盆景、水旱盆景或桩景配石以及供石。如图 3-71 所示。

图 3-71 英石

④ 太湖石。产于江苏太湖、安徽巢湖及其他石灰岩地区。系石灰岩在水的长期冲刷和溶蚀下而形成的。色有浅灰、深灰或白色，以纯白色为最佳。质坚，线条柔曲，常有许多奇态异形的洞穴，洞涡层层相套，玲珑剔透，小者如拳，大者丈余，为中国园林中重要的假山材料，江南园林多见。可作大型盆景，不宜加工，多作大型树木盆景配石。用于盆景不宜加工，多作近景或配石。如图 3-72 所示。

图 3-72 太湖石

⑤ 斧劈石。斧劈石又名剑石，系页岩的一种。颜色有多种，有深灰色、浅灰色、灰黑色和土黄色等。质硬而脆，吸水性差。纵向纹理刚直，多呈修长的条状或片状，敲击后纵向裂开。可锯截，加工整形，可表现悬崖峭壁或高耸入云、雄伟挺拔的山峰，为山水盆景主要石料之一。此石产于江苏一带。如图 3-73 所示。

⑥ 木化石。木化石即古代树木的化石，也称树化石，为山石中珍品。系远古树木经过地壳变动，深埋地下，高温高压而形成。既有树木的纹理，又具岩石性质，质地坚硬而脆，不吸水，加工较困难。颜色有黄褐色和深灰色。线条刚直有力，竖纹或横纹。有松、柏杂木各类化石。其中松树化石呈黄褐色，线条纹理较软，常含松脂迹。可敲击，拼接，进行加工

图 3-73　斧劈石

造型，适宜制作各种盆景，宜表现北国的高山峻岭，显得古意苍然，老气横秋。产于辽宁、浙江等地。量少不常见。如图 3-74 所示。

图 3-74　木化石

⑦ 祁连山石。灰白或灰黄，或微红。质坚，不吸水，纹理极为细腻，富有变化，不宜加工。一般无大料，主要利用石料的自然形态。可作山水盆景或供石，产于甘肃祁连山等地。如图 3-75 所示。

图 3-75　祁连山石

⑧ 卵石。卵石又叫鹅卵石，全国各地山区都有分布，多在溪涧或砂矿里。有白、灰、黑、黄、绿、紫等多种颜色，表面光滑，多为卵形、球形，或不规则形。质地坚硬，不吸水，不宜雕琢，可截取形态相宜的部分拼制山水盆景，多用于表现海滩渔岛或远山风光，也可平铺盆底表现江湖河谷景致。如图 3-76 所示。

⑨ 钟乳石。钟乳石多产于广东、广西、湖南、湖北、浙江、云南等各地岩洞，是石灰岩溶洞中的碳酸氢钙溶液遇空气中的 CO_2 变成碳酸钙沉淀凝结而成。多为乳白色或微黄色，

图 3-76 卵石

也有橘红等色,有些石身还具闪烁晶莹夺目的光彩。质地外坚内松,吸水性差。锯截较方便,但不宜雕琢。多呈峰状,或独峰,或群峰,体态浑圆,洞穴较少,以选天然形态为佳。此石宜作雪山冬景或夕阳照岳等山水盆景或供石。如图 3-77 所示。

图 3-77 钟乳石

⑩ 昆石。昆石又叫昆山白石,产于江苏昆山市一带,藏于山中石层深处,不多见。洁白晶莹,玲珑剔透,质硬,不吸水,宜作供石,也可用来作山水盆景,具有透、漏、瘦、皱的观赏特点,为我国重要观赏石种之一。如图 3-78 所示。

图 3-78 昆石

⑪ 千层石。深灰色，中夹一层层浅灰色层，层中含砾石，系水成岩的一种。坚硬，不吸水，石纹横向，如山水画中的折带皴，外层多似久经风雨侵蚀的岩层。不便雕琢，宜作山石盆景或作树木盆景配石，亦可表现沙漠景象。产于江苏太湖。如图3-79所示。

图3-79　千层石

⑫ 龟纹石。龟纹石产于重庆等地。色有浅灰色、褐黄色等，是一种岩石表层。质较坚，少量吸水和长苔。石面具龟裂纹理，颇具岩壑意境，但石料常一、二面有皴纹，少有峰状石料，一般不作山水盆景，而宜作树木配石或水旱盆景用石，极富自然情趣和画意。如图3-80所示。

图3-80　龟纹石

⑬ 宣石。宣石又称宣城石。产于安徽宣城一带。色白如玉，稍有光泽，质坚，不吸水，多呈结晶状，棱角明显，皴纹细致多变化。敲击加工。最宜表现雪景，也可树木配石，属传统观赏石种之一。如图3-81所示。

图3-81　宣石

⑭ 孔雀石。翠绿或暗绿，有光泽，似孔雀羽毛。属铜矿石的一种，质地松脆，形态有片状、蜂巢状或钟乳状。作山水盆景，郁郁苍苍，别具风味。产于全国各地铜矿层。如图 3-82 所示。

图 3-82　孔雀石

⑮ 菊花石。白色，破开后纵横断面都显有黄、白、紫红、黑等色的菊花形，呈花状或丛状，酷似。质坚脆，多作供石，亦可作盆景。产于湖南浏阳、广州花都区（原花县）等地。如图 3-83 所示。

图 3-83　菊花石

⑯ 石笋石。石笋石又名虎皮石、松皮石、白果石。有青灰色、麦灰色、紫色等，中夹灰白色的砾石，如同白果大小，砾石未风化者称为"龙岩"，已风化成为一个个小洞穴者称为"风岩"。石笋石多条状笋形，质坚，不吸水。加工造型可敲击、锯截、拼接。宜作峭壁险峰的山水盆景，也在竹类盆景中配石，如同竹笋。青灰者，秀润清丽，宜表现春景山水。产于浙西山区。如图 3-84 所示。

图 3-84　石笋石

⑰ 砂片石。依其色泽可分为青砂片和黄砂片，属表生砂岩，是河床下面的砂岩经胶合作用形成，胶接程度高时，则质地较硬；反之，则质地较松。砂片石线条浑圆柔和，锋芒挺秀，石表面呈均匀细砂粒状，有片状、棒槌状等。吸水性尚可。主要产于川西河道或古河床中，如图 3-85 所示。

图 3-85 砂片石

⑱ 锰石。多为深褐色、铁锈色。表面含铁锰质，里面是石英质，呈灰白色。石质坚硬，吸水性差，不易劈开，难以分出长条状材料，为竖线条石种。表面凹凸，纹理变化丰富，极富神韵，可用于再现雄伟挺拔的山峰。主要产地为安徽六安，如图 3-86 所示。

图 3-86 锰石

上述介绍的只是盆景常用的石种，实际上可用于制作盆景的远不止以上这些，如武陵石、云雾石、栖霞石、风凌石、吕梁石和九龙壁石等是制作假山的优秀石品。各种火成岩、水成岩、矿渣石等，只要具有自然美态的石料，都可以根据各自特点，应用于盆景中。另外还有一些山石代用品适合做山水盆景创作的材料，如朽木、树根、灵芝、木炭、煤渣、碎石碴等。

3.3 盆钵与几架 <<<

3.3.1 盆钵

盆钵对于盆景来说，既有实用价值，又有艺术价值，其作用远不止是作为栽种植物或置山石的器具，而是整个盆景造型中不可分割的一部分。它划定了景物的构图范围，与景物相辅相成，紧密结合，是盆景造型的重要素材之一，离开了盆钵，也就无所谓盆景和盆景艺术。

（1）盆钵的种类

盆钵根据其用途可分为树桩盆景盆和山水盆景盆两大类。树桩盆景盆深浅不一，盆底有排水孔，适宜贮土栽种各种植物。山水盆景盆一般较浅，口面较大，盆底无排水孔，可以贮水，适用于制作山水盆景和水旱盆景。

根据制作材料的不同可分为紫砂陶盆、釉陶盆、瓷盆、石盆、云盆、水磨石盆、素烧盆以及塑料盆等。其中以江苏宜兴出产的紫砂陶盆最为著名。

① 紫砂陶盆

人们习惯将紫砂陶盆称为紫砂盆。它自宋代问世以来，就以其独特的艺术风格受到花卉盆景爱好者的青睐，从明代开始就风靡全国。

紫砂盆是采用宜兴特有的一种黏土为原料（这种特殊黏土称为"泥中泥"，深藏于岩石层下），经过开采、精选及提炼，制成陶胎，不着釉彩，再利用1000～1150℃的高温烧制而成。紫砂盆质地细密而坚韧，并有肉眼看不到的气孔，既不渗漏，又有一定的透气吸水性能，十分适宜植物生长发育。由于入窑时间长短不一，窑内温度高低不同，所以盆色亦有深浅、浓淡之别。紫砂盆不上釉，均为泥上本色，朴素雅致，古色古香，富有民族特色。

紫砂盆的色泽多达几十种，主要有紫红、大红、海棠红、枣红、朱砂紫、青蓝、铁青、墨绿、紫铜、葡萄紫、栗色、豆青、白砂、葵黄以及淡灰等色。有的还在泥里掺入少量粗泥砂或钢砂，制成的盆钵则颗粒隐现，给人以特殊的美感。

紫砂盆按不同形态分，有圆形、椭圆形、长方形、方形、腰圆形、六角形、荷花盆、八角形、扇形盆、菱形盆等；也有浅的盆深的盆；盆口造型也是多种多样的，有直口、窝口、飘口以及蒲口等。如图3-87所示。

紫砂盆的产地除宜兴之外，还有浙江嵊（音 shèng）县、四川荣昌等地区，但目前其质量尚不及宜兴紫砂盆好。紫砂盆主要是用于植物盆景，但也有用于小型山水盆景的。

② 釉陶盆

釉陶盆是将可塑性好的黏土先制成陶胎，在表面涂上低温釉彩，再入窑经900～1200℃的高温烧制而成的。釉陶盆大多数质地比较疏松，若栽种花木用，则应选内壁和底部无釉彩的，并在底部留排水孔，以利透气、吸水。若作山水盆景用，则可选四周及内壁均涂以釉彩的，底部也可不留排水孔。我国有许多地方出产釉陶盆，但以广东石湾地区的产品最有名气。远在明代中叶，当地就出产了釉陶盆。

图 3-87　紫砂盆景盆

　　釉陶盆的色泽有蓝色、淡蓝色、绿色、黄色、紫色、红色以及白色等，在烧制过程中，由于温度不同而有色深、色浅之别。釉陶盆若多年放在室外，经过日晒及雨淋等自然侵蚀，会使原来的色泽逐渐变浅，年代越久，色彩越淡，越发显得质朴古雅，也就更加贵重。如图 3-88 所示。

　　釉陶盆多用于植物盆景。浅口、底部无孔的釉陶盆是山水盆景用盆。

图 3-88　釉陶盆

③ 瓷盆

瓷盆是采用精选的高岭土，利用 1300～1400℃ 的高温烧制而成的。瓷盆质地细腻、坚硬、美观，但是不透气，透水性能差，通常不直接栽种花木，多作套盆之用。瓷盆色彩艳丽，有青瓷、白瓷、青花白地瓷、紫瓷以及五彩瓷盆等，并有釉上彩与釉下彩之分。瓷盆上多绘有山水、人物、花鸟以及其他各种图案，有的还写有诗词等。因为瓷盆色彩缤纷，不易与景物协调，所以通常盆景不选用这种盆钵。如图 3-89 所示。

瓷盆主要产于江西景德镇、湖南醴陵、山东淄博以及河北唐山等地，其中以景德镇的瓷盆最为著名。

图 3-89　瓷盆

④ 石盆

石盆是采用天然石料经过锯截、琢磨加工而成的。常用的石料有大理石、汉白玉以及花岗石等，颜色多为白色，也有白色当中夹有浅灰色等纹理的，还有色黑如墨的，这种墨玉盆更是十分少见的精品。石盆色泽淡雅，形状比较简单，其中常见的有长方形、椭圆形、圆形浅口盆。近年来又出现一种边缘呈不规则形的浅口盆。石盆多被用于山水盆景，也有将大块石料加工成大型或特大型石盆，用于树木盆景的。如图 3-90 所示。

石盆主要产于云南大理、四川灌县、山东青岛、江苏镇江、广东肇庆、北京以及上海等地。

图 3-90　白色大理石盆

⑤ 云盆

云盆是石灰岩洞中的岩浆滴落地面凝结而成的，由于其边缘曲折多变，好像云彩，所以称"云盆"。有的云盆像灵芝，因此又有"灵芝盆"之称。多数云盆为灰褐色，边缘不太高，多呈直立状。云盆富有自然情趣，其石料须历经千百万年才能形成，所以产量极少，是石质盆钵中不可多得的珍品。云盆多用于树木盆景。用云盆制成的丛林式树木盆景，别具韵味。云盆通常不太大，多为中、小型盆钵。桂林有不少著名的岩洞，该地出产的云盆最佳。如图 3-91 所示。

图 3-91　云盆

⑥ 水磨石盆

水磨石盆是用 400 号以上的高标号水泥，加入适量大小、颜色适宜的石米，用水调和成水泥石米浆，灌入事先制好的模内制成的。这种盆钵虽不够美观，但制作起来比较方便，造价低廉，其大小、形态以及色泽可根据需要及个人爱好而定，这些特点又是其他盆钵所难以具备的。如图 3-92 所示。

图 3-92　水磨石盆

⑦ 素烧盆

素烧盆又叫泥盆或瓦盆，是用黏土烧制而成的。其质地粗糙，外形不够美观，但透气、吸水性能良好，对植物的生长有利，而且价格便宜，是制作盆景的常用盆之一。在养植树木幼苗或者桩景"养胚"时，多用这种盆钵。如图3-93所示。

图3-93　素烧盆

⑧ 塑料盆

塑料盆是用塑料制成的，价格便宜，色彩艳丽，但是不吸水，不透气，而且易老化，不宜作植物盆景用盆。市场上有时能见到一种用白塑料仿汉白玉浅盆而制成的塑料盆钵，这种盆钵做工精细，甚至达到了以假乱真的程度，并且物美价廉，因而受到盆景爱好者的欢迎。只可惜产量太少，市场上不易买到。这种盆钵可以用于制作山水盆景。如图3-94所示。

图3-94　塑料盆

⑨ 玻璃钢花盆

玻璃钢花盆（也称玻璃纤维增强塑料花盆），是由合成树脂和玻璃纤维经复合工艺制作而成的一种功能型的新型材料制成。其生产方式基本上分两大类，即湿法接触型和干法加压成型。玻璃钢材料具有重量轻，比强度高，耐腐蚀，电绝缘性能好，传热慢，热绝缘性好，耐瞬时超高温性能好，以及容易着色，能透过电磁波等特性。用玻璃钢加工而成的盆景盆可加工成各种形状，而且价格低廉，在城市广场、街道景观中应用较多。如图 3-95 所示。

图 3-95　玻璃钢花盆

（2）树桩盆景用盆

选择树桩盆景的用盆应注意以下两点。

首先，要注意盆的大小和深浅是否恰当。如果树大盆小，不但有头重脚轻之嫌，不美观，意境差，而且因盆小盛土少，肥料与水分都不能满足植株的需要，会使其生长发育不良。相反，如果树小盆大，会显得比例失调，从而降低观赏价值。

一般而言，树木盆景用盆的直径要比树冠略小一些。也就是说，树木枝叶要伸出盆外，至于伸出多少合适，要按具体情况具体分析。盆钵的式样、深浅要根据盆景的形式而定，悬崖式盆景宜用签筒盆；丛林式盆景宜用浅口盆；斜干式、曲干式、提根式、连根式等盆景一般用中等深度的盆钵。

其次，要看盆的形状及盆的颜色和树木是否协调。如丛林式、提根式、斜干式、曲干式等盆景，宜用长方形或椭圆形深度中等的紫砂盆钵。树木盆景用盆除注意形态外，还要注意使盆与树叶、花、果的颜色相和谐。一般来说，花、果色深者宜用浅色盆，花、果色浅者要用深色盆，绿色枝叶植物不要用绿色盆。总之，植物盆景盆钵的颜色，主要应以花、果、叶的色泽为主，挑选其颜色适宜与之搭配的盆钵。

（3）山水盆景用盆

山水盆景最常用的盆钵为长方形和椭圆形盆钵。长方形盆钵显得大方，常用于表现山峰雄伟挺拔的山水盆景。椭圆形盆钵线条柔和优美，常用于表现景色秀丽开阔的山水盆景。椭圆形盆钵中又分为卵圆形和长椭圆形两种。此外还有圆形、长八角形、扇形等多种式样的盆钵，可根据山水景物的特点适当选用。

选择山水盆景用盆时，除考虑盆景立意造型的需要外，还要考虑个人的经济条件。如汉白玉浅盆是上等用盆，适用于多种山水盆景，并能加深盆景的意境，但其价格较贵。

古代山水盆景用盆一般比较深，现在逐渐向浅盆发展。较深的盆钵不能展现"浅濑平流，烟波渺渺，云浪浩浩"的景观。

山水盆景用盆的色泽一般都比较浅，常见的有白色、淡蓝色、淡黄色等。究竟用什么色泽的盆钵适宜，应根据山景的颜色而定，一般山石和盆钵的色泽不宜相似。如用灰色、黑色、土黄色石料做成的山景，最好选用白色浅盆，才能使山景和盆钵在色泽上互相协调。

3.3.2 盆景的几架

几架又称为几座，是用来陈设盆景的架子，它同景、盆构成统一的艺术整体，有"一景、二盆、三几架"之说。

（1）制作几架的材料

根据构成材料分类可分为木质几架、竹质几架、陶瓷几架、水泥几架、焊铁几架以及塑料几架等。

① 木质几架

用高级硬质木材制成，做工精细。常用木料有红木、紫檀木、楠木、枣木等，其中红木最佳。有明式清式之分，明式几架色调凝重，造型古雅，结构简练；清式几架则结构精巧，线条复杂，多用雕线刻花。从陈设方式来看，可分为桌案式与落地式两类。式样极多，规格分明。桌案式有方形、圆形、海棠形、多边形、书卷形等。落地式有方桌、长桌、圆桌、琴几、茶几、高几、博古架等。如图 3-96 所示。

图 3-96　木质几架

② 竹几架

用斑竹或者紫竹制成，自然朴素，结构简练。均用于室内陈设盆景，也有落地式与桌案式之分。如图 3-97 所示。

③ 树根几架

用天然老根制成，在南方多用黄杨老根，北方多用荆条根料。富于天然情趣。如图 3-98 所示。

④ 陶瓷几架

用陶土烧制而成，落地式多为鼓状或者圆管状；桌案式多为不规则形状，较小。用于室内陈设。如图 3-99 所示。

图 3-97　竹几架

图 3-98　树根几架

图 3-99　陶瓷几架

⑤ 铁艺博古架

如用角铁制成的落地几架和用钢筋制成的博古架，古典而优雅。如图 3-100 所示。

图 3-100　铁艺博古架

（2）几架的样式

盆景用的几架样式繁多，根据放置的位置，可分为落地式、桌上式和挂壁式 3 类。

① 落地式。落地式几架因形制较大需放置在地上。如两头翘起的书案、方高架、方桌、长条桌、圆高架、茶几、高低一体的双连架、圆桌等。

② 桌上式。这类几架较小，需置于桌案上面，故称桌上式。盆景所用的几架大多属此类。桌上式几架，以用树根及其自然形态制成的几架最古朴优雅。

③ 挂壁式。挂壁式几架把博古架挂在墙上，称挂壁式。目前挂壁式几架样式很多，常见的有圆形、长方形、六角形、花瓶形等，几架内的小格变化更多，大都精心构思，争立新意。

几架与盆景的匹配，关键是协调。一般来讲，悬崖式树木盆景应配较高的几架，但栽种于签筒盆中的悬崖式树木盆景，也可以配较低的几架。圆盆要配圆形几架，但要注意盆钵和几架不要等高。长方形盆、椭圆形盆应配长方几架或书卷几架。自然树根几架的平面多呈圆形或近似圆形，配圆盆比较好。长方形或椭圆形山水盆景，常配两搁架或四搁架。总之，同一式样的盆钵和几架相配，只要大小、高低合适，一般是协调的。

3.3.3　盆景配件

盆景配件指盆景中植物以外的点缀品，包括人物、动物以及园林建筑物等。它在突出主题、创造意境方面起着十分重要的作用，在盆景创作中可以丰富思想内容、增添生活气息，有助于渲染环境，表明时代及季节等，还可以起到比例尺的作用。盆景配件有陶质、石质、瓷质、金属制品，也有玻璃、木材、塑料、砖雕等制作的。品种繁多，形式多样。

（1）陶瓷质配件

用陶土烧制而成，分上釉和不上釉两大类。是盆景运用比较广泛的配件，不怕水，不变色，容易同盆钵、山石调和，无论是哪类盆景均可采用。如图 3-101～图 3-103 所示。

人物主要有独立、独坐、读书、对弈、摇扇、醉酒、弹琴、吟诗、对酌、袖手、负手、卧观、抱琴、垂钓、吹箫、提壶、对谈、捧手、捧茶、捧砚、负书、担柴、归渔、耕田、骑牛、肩挑、牧童、行路等；建筑物主要有茅亭、四方亭、方塔、圆塔、木板桥、石板桥、曲桥、柴门、砖墙门、月门、瓦房、茅屋、水榭等；动物有牛、羊、马、虎、猴、鸟、鸡、鸭、鹅等；船只有渔船、橹船、帆船、渡客船等。石湾配件，通常较大，适合于大型盆景。

　　陶及釉陶配件以广东石湾出产的最为有名。特别是该地生产的陶质配件，制作技术精湛，呈泥土本色，古朴优雅，人物姿态各异，造型生动，面部表情真实，栩栩如生。

图 3-101　人物配件

图 3-102　动物配件

（2）石质配件

　　通常用青田石等材料雕琢而成，有淡绿、灰黄以及灰褐等色。均为山石本色，与山水盆景极为协调，制作者可以自行进行设计、自行雕琢。其优点是容易与山景色泽相协调。不足之处是多数石质配件制作比较粗糙，不如陶质或金属配件那样精巧，还容易损坏。

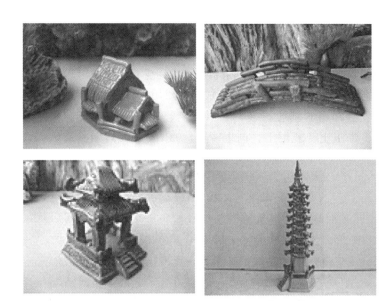

图 3-103　舟桥、建筑配件

（3）金属配件

这种配件一般以着水不生锈、熔点低的铅、锡等金属灌铸而成，外涂调和漆。其优点是耐用、价格低、不易损坏，并可成批生产。不足之处是色泽不易与景物相协调，涂漆不牢固，日久容易脱落。多用于软石类长青苔的盆景。近些年，北京地区所出售的小配件，以金属制品居多。

（4）其他配件

用木、蜡、砖等材料制作配件，材料来源十分方便，可以就地取材，只要制作技艺熟练，亦能制成上等配件。比如用灰色旧砖块制作长城配件，放在山景上，就显得古朴庄重，富有真实感。

此外，还有木材、象牙、砖块雕成的盆景配件，以及玻璃质、塑料质配件等，但较少使用。

3.4　盆土

盆土是植物赖以生存的营养土，植物在有限的盆内生长，若要满足植物正常的生长发育需求，就要求必须人工合理配制营养土，营养土的配制是盆景养护的重中之重，不可大意，一盆好的盆景不能只看造型，还要看盆景的长势如何，健康状况是否良好，而决定盆景植物健康生长的主要因素取决于盆土。

根据植物的生长习性，配置良好的营养土应具有以下特点。

① 排水速度快。过多的水分能及时排出，不易积水，长时间积水很容易导致"闷根"，造成根部腐烂。

② 保水能力强。好的盆土除了排水速度快，又能锁住一部分水分，不断地供应植物的生长需要。

③ 透气性能好。通过透气性能好的盆土在浇透水之后，土中颗粒还能有一定的空隙储存空气，不至于根部缺氧而影响正常生长。

④ 肥力供应足。具有一定的肥力，能满足植物的正常生长发育。

树种不同，需水量也不同，用土的性质也就不同。例如松柏类属阳性树种，忌湿怕涝，所以要用透水快的含砂质比例较高的土种植；杂木花果类因生长快，枝叶茂盛，花果期营养供给大，所以要用保水性能好、肥力高的土壤种植；成品树要用土粒偏细点的营养土，用来保持树形。

通常配制营养土常用的基质很多，如田园土、腐叶土、河沙、风化山石土、煤渣、陶粒、松鳞、椰糠、赤玉土、鹿沼土、桐生砂等，如图 3-104 所示。

图 3-104　盆土

3.5　肥料

植物在成长过程中营养要及时跟上，才能茁壮成长。而盆景的盆土有限，为了保证盆景植物的健康成长，需要及时施肥补充养分。盆景之所以能在有限的盆土里枝繁叶茂、花大色艳、果硕质好与适时、适量、适种类的肥料供给是分不开的。

施肥的定义是施入土壤或喷洒于植物地上部分，能直接或间接地供给植物营养，促进植物生长发育，促使花朵艳丽、多结果，改良土壤等作用的物质。

肥料可以分为有机肥、无机肥、微生物肥。根据养分的需求可以分为大量元素和微量元素。最终根据盆景的需要选用不同的肥料。

思考题

1. 树木盆景常用工具有哪些？
2. 山水盆景常用工具都有什么？
3. 常见的树木盆景素材有哪些？
4. 山水盆景常用素材包括哪些？
5. 盆钵的种类包括哪些？
6. 盆景几架分为哪几类？
7. 简述盆景配件的分类。

4 树桩盆景

◀◀◀ ←——

4.1 树桩盆景特征和作用

4.1.1 树桩盆景的特征

树桩盆景艺术除具有其他艺术品的共性之外，还具有如下特殊性。

（1）生命特征

有生命的艺术品绝无仅有，这是盆景的根本特性。生命给作品活力变化，给人蓬勃兴旺、顽强奋进的精神，生命活力之美是最佳的美，也是最难以表现的美。生命使作品有不可怀疑的真实性，并决定其他特性。

（2）独一性特征

好的树桩存世仅一盆，其个性突出，没有相同的，符合求异发展的观念。

（3）四维性特征

造型艺术都占有空间，但不能占有连续运动的时间。树桩盆景三维形象突出，时间凝固在"难老大"的桩体上面。同时，树桩盆景又有随时间上根干枝叶花果的延续性，运动不止生命不息，四维时间使其形神放出光辉。

（4）变化性特征

树木随生长过程自身每年发生四季变化，不是一经形成就不能改变，由弱到强，改变桩的造型处理又可改变桩的形象。

（5）不可仿制性特征

好的树桩品相奇妙，形成条件各异，形成时间超长，不可仿制，没有赝品。

（6）直观性特征

优美的树桩是有生命的艺术品，具有收藏性。而它的收藏则不似书画，可藏之箱柜秘不示人。相反盆景必须示于人，每日见面与人相伴，与拥有人关系更持久，更密切。

（7）参与性特征

拥有树桩盆景就必须进行养护和管理，维持其生命的延续，功能的实现，形状比例的保持。这一连续参与特性使之与拥有人更亲切。

（8）功能应用性特征

树桩盆景是应用艺术品，可因需要而移动，可登堂入室，供人观赏，改善环境，增强形象，陶冶情操，愉悦心情，有益身心健康。

（9）资源利用性特征

优良的树桩自然产生少，形成难，得到难，成活难，可采尽。

（10）形成制作时间长期性特征

树桩盆景的制作难度大，具有优美姿态、神韵和独特意境的作品没有数年功力不能产生，更不可能大量生产。

4.1.2 树桩盆景的功能作用

树桩盆景是通过多姿多彩变化的树，或与石、配草、地貌、摆件、水域相结合，进行造型构图置景，赋予意韵，成为无声的诗、立体的画，把人们带入到山野林海的美景中去。住惯了水泥建筑的城市人，不可能离开工作居住的城市，而他们回归大自然最直接最经常的媒介之一，可以是能以小见大的盆景，也是现代生活从盆景中得到的享受。

无论是创作盆景还是养护与修剪盆景，都具有修身养性的作用。盆景不只是休闲娱乐消磨时光的玩物，还能够在人们的生活中影响人们的情绪，消除疲劳和烦恼，使人轻松愉快。商品经济社会，激烈的竞争加强，人们将盆景放于室内工作及生活的环境里，使人们在工作之中，休息之时，欣赏一会儿盆中之景，紧张与疲劳、人情与世故，都可淹没其中，给人轻松愉快的享受，有益身心健康，提高工作效率及生活质量。

盆景对环境的美化作用已在生活中大量应用，室外的街头盆景，公园盆景，大楼商场陈设盆景，已经崭露头角，不再是往昔高级宾馆才有。家庭、办公室、大厅、会议室中，都有盆景在起美化环境的作用。它的高雅和生机，极具风格，不是其他摆设可与之相提并论的。它也可减少空气中的有害气体，吸附空气中的灰尘，吸附噪声。

盆景爱好者的业余时间，许多消耗在盆景的学习、养护、制作以及欣赏上。盆景美化了家庭，也使家庭产生亲和力，还有利于家庭成员提高植物学、土壤学、栽培学、美学以及文学艺术等方面的知识。物质和精神相结合，促进家庭的稳定及发展。

而盆景某些方面的作用人们还不清楚，比如收藏升值的作用，与别人交流谈话的内容增加而起的交流作用。用作礼品的作用，还有生产出来用于经营的作用。

盆景能美化环境，美化人们的心灵，陶冶人的情操，增进健康，休闲益智，增强企业和家庭形象，作为一种商品和艺术品，对社会精神和物质文明都有利，这就是它的功用。树桩盆景的性质决定了它的功能作用，功用价值决定它的应用性。加强应用才能发挥它的功能作用。

4.1.3 树桩盆景的应用

由于树桩盆景具有诸多功能及作用，尤其是其观赏作用，加上社会的发展进步，人们对生活质量的要求越来越高，盆景逐渐被应用于日常生活之中。

较多较早应用的是公园盆景。为适应公园自身建设及满足游客观赏，一些公园备有盆景，以飨游客。在园艺水平较高的公园内，设有专门的盆景园，更吸引人们的注意。早期人们接触盆景的主要形式就是公园盆景，如杭州花圃，它在普及宣传盆景中，起了实物示范的启蒙作用，开始使众人认识了树桩盆景。公园盆景给了人们更加丰富的休闲娱乐内容，是盆景应用最普遍的场所。

随着社会经济的发展，被藏于深闺的盆景逐步走向了街头。在重要的闹市区、金融区、商业区，有少量的大型树桩出现。让来往奔波于生活工作的人们，在匆忙之中感觉到了树的另外一高级形式的存在。使人们对树的典型的古老美、姿态美，有了更多的感受，了解了人对古老树桩的技艺处理。

宾馆大楼是早期应用盆景，增加环境功能，吸引顾客的场所。在盆景发达的地区，比如成都金牛宾馆、锦江宾馆，地栽树桩树姿优美，体态硕大，与宾馆的地位、建筑十分般配，幽雅华贵，成为吸引客源的著名宾馆。现在雨后春笋般发展起来的商业大楼及企业公司，一些机关团体学校，对树桩盆景的应用也比较重视。大门两旁，大楼两侧，厅堂前以及大门的照壁，都注意应用大型树桩或山石盆景。显示了其与众不同的实力与眼光，增强了自身的形象。良好的环境使人心情舒畅，身心健康，工作愉快。对提高知名度，提高工作效率，增强凝聚力，都非常有益处。

作为百姓居家过日子，有希望生活美好的愿望，而这是人们从事各种活动的动力。树桩盆景能愉悦人的心情，它有生命美、造型美、山林野趣以及收藏观赏价值，休闲益智益健康，可以增加人的交流内容，开发人的智力与创造力。达到人的自我价值的实现，满足人们的一些需求，如拥有、交往以及人与植物的交流。磨炼性格，陶冶情操，培养爱美的心灵，在物质文明上铸造精神文明。所以成为一部分人喜闻乐见的消费娱乐方式，许多普通百姓，走入了盆景欣赏、制作的队伍，培育诞生了盆景市场。百姓的阳台、窗台以及屋顶甚至室内出现了不少树桩盆景，是应用树桩盆景的有生力量。

因为盆景有一定的市场，能够产生经济效益，所以盆景的生产由过去的小批量家庭生产，进入了大批量商品生产，由小规模生产进入到专业生产，由低质低效发展到高质高效深度开发上。甚至有的地区还开创出口业务，使盆景不光带来社会效益，同时也带来一定的经济效益。许多地方形成了盆景市场，采桩、购桩、制作以及消费形成了链条。有了盆景生产、供应渠道，成为盆景普及提高的源头，发挥了树桩盆景的应用功能。

作为礼品、收藏品，盆景均有前景。盆景作为礼品，在国家级的交往中，中国送给埃塞俄比亚、英国，日本送给美国，都曾以盆景为国家级礼品。在民间的经济交往与人情交往中，也均有以盆景作礼品的行为事例。作收藏品有观赏价值高能升值，存世仅一盆的综合特点。

随着社会的发展，盆景的应用会更加普遍，中小型树桩盆景将会被大量生产出来。高档盆景作艺术品，有利盆景的提高，中低档作商品，低档者有利普及和应用，并能以较低的价格供应市场。管理材料、工具以及盆钵也会配套供应，便于人们应用与掌握，也方便购买。盆景的书刊也越来越多，而且质量也有提高，树桩盆景的管理方法、实用技术得到普及，树桩盆景必定能在人民生活中得到更多应用。

4.1.4　影响树桩盆景发展的因素

影响树桩盆景发展的因素主要有以下几种。

① 生命性。生命美是树桩美的根本，但也是限制它普及、进入寻常百姓家庭的原因。有生命就有可能死亡，管理措施失当，粗心大意忘了浇水、病虫为害、肥伤药害等都可能导致衰退甚至死亡，生命维持的依赖性使许多人望而生畏不愿拥有。

② 昂贵性。树桩产生难，培育造型时间长，技艺欣赏价值高，产品数量少，因而价格昂贵，许多人望而却步。

③ 场地性。养护管理陈设都需要场地，阳台、窗台和几架案柜是起码的场地空间位置，无此条件不能陈设树桩盆景美化生活。

④ 技术性。栽植、养护、维持和完善形象都有一定的技术性，需留心掌握养护造型相关技术。

⑤ 资源利用性。山野树桩依赖大自然造化形成，靠老天供给资源，不可多得，而且是一次性资源，限制采挖。限制因素多种多样，生成难、发现采挖成活难、造型难、时间长，这些都影响其发展。

⑥ 时间长期性。形成制作时间长，有难老大、姿韵意的作品非数年功力就能产生，而需十年时间以上。因而极需耐力，产生出来的作品少，不像栽花种草容易普及。

⑦ 生命维持的依赖性。树桩的生命维持依赖人工给予，也是它的发展中的限制性因素。

4.2 树桩盆景植物的选材 <<<

树桩盆景制作最基本的要求是懂得对植物材料的选择，优良的植物材料才能产生优美的树桩盆景佳作，如图 4-1 所示为姿态优美的树桩盆景。盆景植物材料的选择受到植物生物学特性、栽培特点和造型艺术的约束，故对植物选择要求较高：树根裸露、盘根错节、怪根古拙；树干直、斜、曲、卧、垂、古、奇、斑驳；树枝刚健、柔和、平展、疏密；树叶细小、斑彩、常青、丛生；花果艳丽、淡雅、芬芳；萌芽力强，成枝率高，耐阴和耐阳性强，生长缓慢，寿命长，容易繁殖，耐修剪易造型；具有耐旱、耐湿、耐瘠薄，以及抗病虫害和适应性强、抗性强的特性。

图 4-1　姿态优美的树桩盆景

树桩材料的来源有：市场购买、人工繁殖小树桩或申请挖掘野生树桩。市场购买树桩应注意以下几点。

① 要看树桩是否会因过度失水而不易栽活。

② 要看根部须根，须根不宜太少，否则不易成活。

③ 树桩形态要具备古老苍劲的姿态。

人工繁殖小树桩主要是通过扦插、嫁接等方法。小树桩虽然小，但经过精心培育和艺术加工，也能起到小中见大的效果。

挖掘野生树桩有以下几点好处。

① 山野树桩经过自然界的雕塑，姿态苍老古朴，其自然美是能工巧匠不可比的。

② 成型快，自挖掘到成型少则 2 年，多则 4～5 年。

③ 成本低。

野生树桩挖掘注意事项如下。

（1）挖掘前的准备工作

首先要根据当地林业部门管理要求进行采挖，杜绝私挖滥采。先摸清树桩所在地、规格、质量、品种等情况。其次要根据挖掘树桩的数量组织人员，准备工具，同时要解决好运输工具。

（2）挖掘时间

一般在秋末或早春，以土壤不冻、植物处于休眠季节挖取为好。植物萌动后不宜挖出，影响成活；冬季也不宜挖取，此时虽处于休眠期，但由于对植物损伤太大，也影响其成活。

（3）挖掘方法

挖桩地一般选择在贫瘠荒山、崖壁、溪边路旁。一般都要选树龄长、生长旺盛、形态本身一般具有苍古奇特、遒劲曲折、悬根露爪的坯料为好，如图 4-2 所示为老树桩。挖掘时一定要以保其成活为首要目的，可在挖掘时视树种确定主根或侧根、须根的截留以及多余枝条的截留。通常要保留一部分主要的造型枝干，并剪短使其萌芽，根据树坯的具体情况考虑其将来造型，但注意在截取萌发力较弱的树种时，要适当多留一些枝条。采掘时若能在根部带土则尽量带土，若实在不能带土，则用泥蘸糊根部后用谷草或筐篓包装捆扎，辅以苔藓，保护树坯在运输途中不致失水过度。

为确保树木成活，松柏类和珍稀树种可分次挖出。一般第一年先在原地截断一侧的根，并在下面掘穴，填入肥土，埋好踩实，土面再铺一层青苔，这样既可保水又可防止冲刷。第二年伤口处长出很多须根，然后再用同一方法处理另一侧根，经过 3 年可全株掘起，挖取时必须带土球，并尽量少伤新根。

（4）挖掘后树坯管理主要是确保成活

一般在地下深埋养护，还要用浮土盖顶或用塑料袋罩住顶部，防止水分蒸发过量难以成活。待其成活后，再逐年造型提根。此外还应注意以下几点。

① 成活后不要急于上盆。此时虽已长出根系，但还不是很发达，过早上盆会造成树桩死亡。

② 忌疏浇。桩头埋下浇透水后，不可忘记较干后再浇。树桩本来上部受伤，下部缺根，植株蒸发水分，伤口挥发水分，水分缺乏极易造成树桩死亡。保证一直湿润又不涝沤是树桩成活最重要的措施。

③ 忌误察。从挖桩到养护成活这一段过程，前段切根断枝造成植株突然重伤，就延长

图 4-2 老树桩

了休眠，进入"假死"状态，这时应妥善管理，休眠过久则不易"更醒"。待温湿保养桩体生机抬头，先以桩内活力生出嫩芽，进入"假活"状态，这时并没长出新根，即使长出新根也仍未达到真正成活，因为这些嫩根不足以吸入足够水分和营养供应树桩所需，仍需继续保持埋桩催壮。

④ 忌心浮。对桩头设计成桩姿一定要仔细思考，反复推敲，而且一旦确定后就不要轻易修改。频频除去新芽是心浮气躁的表现，对养桩极为不利。

总之，对树桩养护管理不要掉以轻心，要注意树木生长规律和当时当地的环境条件的结合，讲究科学，宁勤勿懒，小心谨慎，制平凡成精美，化腐朽为神奇，把一个个桩坯养活，加工成一盆盆成功的树桩盆景。

4.3 树桩盆景的造型与修剪 <<<

树桩盆景的千姿百态、生机盎然、古朴典雅等，都是经过精心的栽培、修剪和长期的蟠扎而成的。盆景的立意、布局是否合理得当是盆景制作的关键，形象而又灵活地运用各种艺术手法，把大自然景观浓缩于咫尺盆中，才能使人百看不厌，心旷神怡，有一种美的享受。

（1）树桩盆景造型构思

首先要掌握树种的习性，根据每一树种的树桩生长特点进行造型构思，并采用不同的艺术造型手法进行加工。同时要分析原始树桩的优弱势，多观看树相，进行一番认真的比较，对根、干、枝依势去留取舍。所选留树桩的根、干，不宜作太大的改变，基本上应保持原有的形态。对树桩的发展趋势要进行分析，因势利导，去粗存精，使盆景造型尽量表现自然风貌。

盆景造型立足于构思，构思可落实于构图，以构图贯穿制作过程。丛林式、附石式、水旱式，都可以在探讨国画意境的基础上进行构思；单干式可考虑大树型或直干式的文人树型；树干、树枝的造型可根据传统的制作方式，按照国画的技法进行构思创作，发挥树木原有的优势，以树桩为主体，再配以石料、人物、亭榭等小件，形成富含诗意的盆景作品。

在自然界中，树的形态有卧、立、悬、垂，要充分利用现有的良好素材（根、干、枝、叶等），通过艺术造型，以完整构图中的空间划分和确定，达到事半功倍的效果。

（2）树桩修剪

树桩盆景经过1年的生长，枝条伸长，叶片茂密；开花的花枝太长，花谢后花枝杂乱，影响观赏效果。为此必须适时对枝干进行修剪造型，剪去杂乱的交叉枝、重叠枝、平行枝、对生枝、病枯枝等，并删剪过密的枝杈。剪短的枝条和保留的枝条能够充分利用树体的营养，削弱强枝的长势，促进弱枝快长，以保持树形美观。观花、观果类盆景通过修剪，则可每年开花结果。修剪方法有剪芽、剪梢、剪枝和剪花。

① 剪芽　剪芽可防止抽芽太长，以保持树的原型。对萌发强的树种，生长期枝条萌发出许多新梢，应随时剪平，并修剪整齐。对松类树种，主要采用剪芽的方法控制枝条的伸长，防止顶芽抽长变成软弱枝条。

② 剪梢　榆树、雀梅、榕树生长期新梢萌发快而多，如果任其自然生长，容易破坏树形，应随时将其剪短、剪平。

③ 剪枝　不断向上生长的枝条，其基部的枝条会不断枯死或变弱小，所以应剪枝。通过剪枝还能使侧枝变短、变密，起到矮化、缩小树体的作用。可将当年生的枝条剪短，使枝干短缩、粗壮有力。

④ 剪花　观花、观果盆景，要按照其开花、结果的习性修剪。如梅花系早春开花的树种，在花后剪短花枝，促使萌发新梢，形成第二年的花枝。

4.4 树桩盆景的蟠扎技艺

蟠扎法作为树木盆景制作的传统造型技法之一，其作用和目的是盘曲枝干以造就出千变万化、丰富多彩的外形来。

根据使用蟠扎的材料可分为金属丝蟠扎技艺和棕丝蟠扎技艺两种，金属丝、棕丝是常用的扎缚物，也有少数地区用马蔺叶、树筋。棕丝蟠扎是川派、扬派、徽派、苏派的传统造型技法，而当前多采用金属丝造型。两种蟠扎材料各有优缺点：金属丝各地很容易获得，棕丝仅限于南方；金属丝操作简便，一次定型，棕丝操作比较复杂，不好掌握，造型效果比较慢；但是金属丝易生锈，损害树皮，而使用棕丝不伤树皮且观赏效果好。

树桩用金属丝进行蟠扎的方法如下。

用金属线蟠扎比用棕丝蟠扎方便、省时，枝干扭曲容易，改变枝的方向、角度准确，枝干增粗快，有整形矮化的效果，同时能够促进侧芽的长成，产生密枝。蟠扎常用的金属线有铝线、铜线。粗干蟠扎可用粗的铁线（如8号铁线），但铁线容易生锈，会影响枝干的健康生长。铝线可用温火加热使之变软，更有利于缠绕。

蟠扎应选择晴天进行，注意掌握好蟠扎时期。枝条柔软，未萌发新芽或新芽木质化时，都是蟠扎的好时期。落叶树于冬末初春蟠扎，常绿树多在初春和梅雨时节蟠扎，观花树宜于开花前蟠扎，较少在秋季蟠扎。冬末初春新芽未萌发时蟠扎，能够促进腋芽生长，萌芽时停止蟠扎，可避免损伤腋芽，影响侧枝的紧密性。梅雨前树木处于生长的旺盛期，增生组织形成快，扎伤的枝条复原容易，有利于扭曲造型及定型。

可蟠扎的树桩要在盆土内固定牢，整盆放置于平视的地方，或放置于旋转台上，审视根、干、枝，找出视觉最好的一侧为正面。定好树型后，清理枝叶，剪除无用枝和部分妨碍视觉的枝叶。

缠绕金属线的方法如下：扎树干时，先将金属线的一端插在靠近树干的盆土中，或是把金属线的一端钩在靠近树干的根部并固定好，然后由下往上缠绕。作弯曲的部位，缠绕的金属线可稍密些，以防扭曲折断树枝。扎枝时可用其他枝或树干作金属线的固定点，由内向外螺旋状缠绕。缠绕的金属线与枝、干成45°角。枝干左弯曲向右绕，右弯曲向左绕。作为弯曲部位的外侧点，要有金属线绕过，枝干弯曲时才不易被扭折断裂。粗干用粗线缠绕，细枝用细线缠绕。缠绕时金属线贴紧树皮，不必用力过大，避免损伤树皮。金属线要避开枝干的芽眼。细枝缠绕可以1条线两头各扎1枝，中间绕树干1圈以上，作为两枝的固定端点。粗干用一条线蟠扎强度不够时，可用双线并排齐扎。

拆线时间也颇有讲究。当金属线快要陷入树皮时，就要进行拆线，拆线后若认为枝干还没有达到原定的曲度效果，还可以第二次缠绕，但要避开第一次缠绕的痕迹。枝干曲度固定，曲线优美，树形完整，说明蟠扎成功，即可拆线。

4.5 树桩栽培养护方法

树桩起挖后应立即栽植，栽植前应准备好所需物品，如营养土、花盆、枝剪等。树桩盆景一般均要求排水良好、透气性好、营养丰富、富含腐殖质的土壤。栽植新桩及成型盆景均可自己配制盆土。盆土的制作方法如下。

① 取园土5份，腐叶土2份，腐熟的豆饼渣1份，腐熟的牛粪2份，草木灰2份，黄沙或河沙2份，充分地拌匀后使用。

② 在松柏树下挖取已经过常年腐烂的针叶土，针叶土是偏酸性土壤，疏松透气，透水，有利于植物生长，挖回后还可掺些园土混合使用。

③ 也可用园土与树叶堆制而成。一层土，一层树叶，一层人粪尿或牛粪堆制，冬季翻开冻，来年春天过筛。

树桩植物毛坯最好用泥盆栽植。泥盆为上，泥盆透气透水，便于植物的成活。泥盆的大小、深浅应根据毛坯的大小来确定。栽植前根据树桩的形态进行修剪，剪去上部不需要的枝条，以降低其水分蒸发量，提高成活率。同时剪除树桩的伤根病根，并进行根部消毒，有条件时可添加生根剂。对树干上伤口大的地方应用塑料布覆盖绑扎，或涂抹伤口胶，以防树干失水。栽植的方法和一般盆树栽植方法相同，先在盆底孔垫上瓦片，然后在盆底加少量的营养土，再将树桩放入，在根部的四周加土，并不断地用手按压，直至将根部埋入土中。

新桩栽种完成后，浇透水，以使泥土与根系充分接触。然后将树桩盆栽放置在半阴的环境中。第二天再浇透水。以后等土偏干后才浇水，但每天均应对树桩喷雾或洒水数次，减少茎干的水分蒸发，防止抽干。注意喷水量不能大，尽量不要使盆土过湿，防止土壤过湿烂根。盆土过湿也不利于新根的生长。

因为毛坯在挖掘和运输的途中会出现部分失水的现象，所以上盆初期应以保活为主。待长出新叶后可移至光照合适的地方养护，可逐步将树桩盆栽移至光线较好的地方培养。在新桩生长的同时即可根据造型需要去留枝条，为以后的盆景制作打下基础。

养坯除了水肥养护管理外，应特别注意以下两点。

① 防寒。这是树桩成活的关键，秋冬季节现栽的树桩其本身已有损伤，缺乏抗寒能力，如不注意防寒，树桩极难成活。防寒的方法有放入温室、搭棚架或将盆埋入土中加盖埋土保暖等，只要保持盆土不结冰即可。由于新栽树桩根系吸水能力极强，新栽树桩也不能放在气温较高的温室内，防止树桩失水抽干，如环境温度较高，应注意经常向枝干上喷水，以减少树桩水分蒸发。

② 防"假活"现象。新栽的树桩一发芽，有人就认为已经活了，就放松管理，其实这就是"假活"现象。因为植物体本身就有营养，只要环境条件适合，即使新根还未长出，枝干也会长出新芽，此时应注意管理，确保水分供应，防止树桩失水。"假活"是真活的第一步，因为这些新的芽、叶、枝可以进行光合作用，促进提早生根，制造养分提高成活。此时应加强养护，直至达到真正成活。

思考题

1. 简述树桩盆景的特征。

2. 树桩盆景有什么功能作用？

3. 树桩修剪的方法有哪些？

4. 简述树桩蟠扎的方法。

5. 影响树桩盆景发展的因素有哪些？

6. 简述树桩盆土的制作方法。

5 山水盆景

大自然造就了风情各异、姿态万千、奇伟瑰丽的山水景观。以大自然奇山秀水、旖旎风光为创作范本和表现主题，以名山大川、大漠戈壁、南国溶洞中自然形成的奇峰怪石为主要材料，经过精选与切割、雕琢、胶合、拼接等技术加工，以不同的布局和变化处理，创造出不同的山水景观，并配以树、草及各种摆件，在较浅的山水盆中置景，用来表现峰峦岫岚及江水湖泊等大自然景观者，即为山水盆景，又可称作山石盆景。

5.1 自然山水的形貌皴纹

山水盆景要以自然山水为蓝本，但在创作过程中需要适当的艺术加工创造，提高山水盆景的欣赏水平，即"源于自然，高于自然"。

5.1.1 山形

山：地面形成的高耸部分，有石山和土山之分。

山脉：成行列的群山，山势起伏向一定方向延伸。

峰：形势高峻的山，山脉突出的尖顶。

峦：连绵而又平缓的山。

岭：顶上有路可通行的山。

岗：较低而平的山脊。

巅：山峰的顶部。

崖：山石或高地陡立的侧面。

岩：大石块突出的某部分。

壑：群山中凹下的部分。

谷：两山中间的狭长而有出口或有水道的地带。

峡：两山之间夹水的地方。

矶：水边突出的岩石或石滩。

麓：山脚。

岛：江河湖海中突出水面的小山或陆地。

峰林：石灰岩地区陡峭的石峰成群"m"状，远望如林。

石林：规模较小的峰林。

溶洞：石灰岩被富含二氧化碳的流水溶解而形成的天然洞穴。

5.1.2 水系

江：具有较大规模的大河。

河：天然或人工的大水道。

湖：被陆地围着的大片积水。

溪：山里的小河沟。

涧：山间流水的沟。

潭：山中较深的水池。

塘：蓄水的坑，不大，较浅。

泉：从地下流出的水源。

瀑布：山间的河水从山壁或河身突然跌落下来，形似挂着的白帘布。

5.1.3 皱纹

自然界中每座山峰的岩石有其纹理、裂痕、断层、凹凸、褶皱等表面的变化特征，其特征会因山石的地质结构及自然风化程度的不同而不同。

可将我国传统的山水画"皱法"技巧借鉴用在制作山水盆景的过程之中，表现山石的表面纹理脉络，使加工后的山体纹理脉络细腻自然，嶙峋多姿，极具真实感。

皱，原指皮肤表面被风吹或受冻后皲裂而变粗糙的现象。在山水画中，画山石时，为了显示山石纹理与阴阳面，勾勒出轮廓后，再用淡干墨侧笔而画，也叫做皱。中国画论有"凡画山水，其重要步骤在于皱法和轮廓"之说。轮廓也就是山水总体布局，好比人的骨架，用以确定山石林木的形体结构；而皱法则是山石的纹理、褶皱、断层以及裂痕等不同形态的质感，好似人的皮肉，用以表现山石林木的阴阳向背、凹凸皱皱变化关系。制作山水盆景，若有山无皱，则好似人有骨无肉，为使山石骨肉丰满，就必须对山体的细部进行纹理加工，当然这只是对软石而言。

因为自然界中各种物体有它各自固有的内部组织结构与表面形状，山石峰体因地质成因不同而形态各异，变化万端。所以在山石纹理加工中，借鉴传统的皱法技巧，使山体嶙峋峻峭，皱纹自然丰富。

传统的山水画皱法可归纳为面皱、线皱、点皱三大类别。

面皱主要有斧劈皱、刮铁皱、斫剁皱、没骨皱、鱼鳞皱等，是由各种大小不同的面（这种面比线更粗宽）组合而成的皱法类型。适宜表现雄奇、高耸、陡峭、苍劲、嶙峋坚实的花岗岩山岳，令人有山石苍劲、耸拔峻峭、气势雄浑之感，具有淋漓瑰奇而凝重之意境。适用于各类软、硬石。

线皱主要有乱柴皱、折带皱、卷云皱、解索皱、荷叶皱、披麻皱、破网皱等，是由各种不同的线组合而成的皱法类型。适宜表现土质松软、草木葱茏的石灰岩地层，具有苍莽沉浑、雄厚幽深之情趣。适用于各种软石，如浮石、海母石、砂积石等。

点皱主要有雨点皱、芝麻皱、钉头皱、马牙皱、落茄皱等，是由各种点的组合而成的皱法类型。适合表现石骨与土肉相混的土石质山峦。与面皴相混使用，能再现江南山水的明快秀丽、清雅幽静之韵味，体现出峰骨隐现、云山雾蒙、林梢出没、烟雨润泽的意境。适用于各种石料。

运用皴法时，不能墨守成规。大自然中的峰峦丘壑形态往往是复杂的，要因石而异、因石而用。一盆山石中可用一种皴法，也可以一种为主，再辅以其他皴法，糅合在一起交互使用。

山石的纹理丰富之处在阴影前面及凹陷处，可以多用皴法，而山石的向阳突兀处纹理较少，皴法应少用。

5.2 山水盆景创作技艺 ‹‹‹ ——

5.2.1 硬石创作

硬质石料具有天然形成的外形、皴纹以及色彩，是制作山水盆景的主要石料。硬石质地较佳，通常石种硬度为3～7级。硬石制作多取天然形态较佳者经锯截、组合而成。由于一块天然成景的山石十分稀少，即便有了形态较好的一块山石可作主峰，但其次峰或山脚等也需要另挑选好多块相同石种、颜色、纹理的山石材料来组合成景。

大体可将其加工过程分为选石、锯截、组合、胶合等几个过程。

（1）选石

又称相石，挑选石料时要有一定的艺术眼光。首先要了解石料的种类、形状、色彩、纹理、大小等，以便根据盆景中不同部位的造型需要，统筹安排做到心中有数。对于其中形态奇特，石块较大、挺拔、玲珑等出色的石块，要重点部位使用。相石的过程是对石材使用的总体规划，使石材本身的观赏特性得以充分地发挥。如果能找到一批质地、形态、颜色以及大小均较为理想的石料，那作者的构思立意、制作过程就必然顺畅多了。

用在同一盆中的石材必须在石种、色泽、纹理以及形态上都大致相近，这是选石的基本要求，即同质、同色。

我国幅员辽阔，山地丘陵遍布各地，山石种类十分丰富，可用作山水盆景制作的山石材料也非常之多。在各地，山水盆景作者比较常用的山石有几十种之多，这也就为山水景盆景制作提供了非常充足的石材基础。明代造园家计成云："欲询出石之所，到地有山，似当有石，虽不得巧妙者，随其颓夯，但有纹理可也。"即只要在山地丘陵之间，仔细挑选，肯定能得到有外形、有纹理的各种山石。

在我国古代，就有对于山石选择的一定标准。如宋代大书法家米芾对山石鉴赏有"瘦、皱、漏、透"的说法。瘦，就是石块清秀不显臃肿，有棱角变化；皱，就是石块表面有凹凸纹理变化；漏，就是石块有洞穴；透，就是石块中的洞穴可以相互通达。清代画家郑板桥则提出石以"丑"为上，有"丑而雄、丑而秀"的观点，石块奇特变化至极则为丑。

硬石山水盆景的制作往往会受石材的制约，在动手制作之前要备足一定的石材较为困难，"依题选材"可能行不通，因此现存制作硬石山水多以"因材施艺"为主。

有可供选用的充足的石料，就是制作成功的基础。俗话说："巧妇难为无米之炊。"有了足够的理想石料之后，就可进行构思、设计，来确定主题。有时不在设想构思之列，而发现一块山石，触景生情，根据石料的特点而设计加工，这也是常有的事。依据挑选出来的石料再按照构思的要求去改造，来达到设计要求，若不能改造又不吻合于原有构思时，则根据山石的特定形态，依据新的情况再作新的设计构思。有的石料外形秀美奇特，很易博得人们的青睐，也易于加工，制作时就顺利多了。但有些稚拙的山石流露出一种淳朴之美，一时令人吃不透，找不到感觉，或一块石料颠来倒去几种角度产生的效果都还可以。这时就不要急于定局，应多发挥自己的聪明才智，加以想象，待考虑成熟后再开始加工。由于一块好石如处理不慎，会埋没它的风姿或者导致作品的失败，就会产生遗憾。

石料在大城市花卉盆景市场上可以选购到，还可到石料出产地购买。平时还可借助外出旅游之际，有目的地选择山地、河谷以及滩边等可能藏有石料的地方，进行寻觅。在石灰岩地层温暖多雨区域可见到风化好石，有的露出地表大片在山坡表层出现，有的埋于山坡土中，也还可在河流沙滩边寻觅。在收集石料的过程中，除了要注意挑选形态理想的山峰石料，同时也要收集大小不一的各种配峰及坡脚石料，以便加工时有充足的石料供选用。

硬质石料以外形自然奇特变化，色泽深沉雄浑亮丽，纹理深浅天然为好。有了合适的、理想的山石材料，就会增添信心，为制作作品的成功奠定了基础，能收到事半功倍的效果。

（2）锯截

锯截是加工硬石的重要一步。通常用电动石材切割机切割。由于是电动机械切割，除要求切割者有一定的手劲外，还必须掌握一定的切割技巧，做到熟能生巧，才能切割好石料。

一般石料都有形纹俱佳的部分，也有平坦无奇的地方。锯截可以去掉平庸的部分，保留形纹俱佳的部分，来选作主峰或配峰。所以锯截是山石加工中一项不可忽视的工序，也是制作山水盆景的基本功之一。通过锯截，可使原来一块并不十分完美的山石，去芜存精，达到尽可能地满足造型布局的初步需要。借助锯截的手段来获取所要的山峰部位，包括它的角度姿势、高度关系以及剩余石料的利用。

锯截熟练程度需要作者在实践中体验并积累，逐步掌握一定的技巧，才能达到锯截要求。要将一块较大的石料底部一次锯平，放入盆中不斜不歪，不是一件容易的事。

逐一将挑选好的石料底部锯平，才可以将石料放入盆中进行组合布局。下锯之前要仔细观察石料，以确定在何处下锯，并据此将下锯线画好。而对熟练的作者来说，一些修长或矮小的石料则不必画下锯线，可以一刀定局。若碰到稍大的石料，一刀切不开时，则可翻动石身，做上下或左右四面切割，但必须将石缝校正好，使其在同一直线上，然后下锯继续切开，可获得同一平面。如石料过大过厚，四面切割仍不到位时，那只有用菜刀或者凿子嵌入石缝中，再用榔头轻轻敲击将其撑开。若能做到一次就将石料底部切割平整，那当然是最理想的了。但许多时候或者操作失误会将一块好石料锯歪了，石料放入盆中后，不是左歪右斜，就是前倾后仰。这时石料的高度已到位，若再继续修正切割，则石料就显矮了，此时可采用"填平"的补救方法。也就是在石料放正时，观察底部的空隙，然后挑选一小石料薄片将其填入底部空隙，使其站稳，再用水泥填塞空隙，待水泥干后，石料自然就站平稳了。这样就弥补了切割不平的不足，使石料重新站稳。采用这一方法的石料必须是用在盆的后面位置上的主峰与次峰等，因为其山石前面还要配上其他低矮的小山及坡脚等，这样可以将主峰山脚底部用水泥修正的痕迹遮挡住。

除了将需要的山石底部切割平整以外，还可以有意识地挑选一些石料，将一块石料切割成三块大小不一的石块，两头的可以做小山峰，中间的可以做平台。

平台在山水盆景中的作用是十分明显的。它给安放摆件提供方便，增加除常规的山、峰、峦、岭以及坡等形状之外的又一形状，丰富盆景画面。更主要的是通过安放形状、大小适宜的平台，提高了观赏性和艺术性。

（3）组合

在盆景制作过程中不但要注意同一盆中的石材纹理脉络相衔接，还要处理外轮廓的接缝，可以通过横纹拼接、竖纹拼接、环透拼接、扭曲拼接和过度拼接使盆景更加自然。同一盆景中不能既有横纹拼接，又有竖纹拼接，这本身就不符合自然规律。

组合通常在盆中进行，也可在平整的桌面或木板上进行。有的作者喜欢在锯截石材的同时就进行组合，一边组合一边切割，省时省力。

主峰是全景的视觉中心，是整件作品的精华部分。组合过程是围绕主峰而展开的，根据主峰的特点形态，来考虑用何种形式，用什么配峰才能使之互相融洽，互相呼应。一件盆景作品是一个有机的整体，在这个整体中，只能有一个主体。而在山水盆景中这个主体就是主峰，其余客体都要服从主体。可以采取对比和烘托等各种手法，突出主体，宾主分清。主体是整个布局的焦点，若不突出，则作品必然显得呆板，缺乏感染力。

首先，确定主峰的位置和姿势角度，主峰定位后，才进行其他景物的组合。主峰的位置通常不宜放在盆的边缘，也不宜放在盆的正中。前者显得重心不稳，后者显得呆板。通常位置以盆长的三分之一为好，可略偏前或偏后。主峰偏前是让出后面空间，以便安排远山以加强景深；主峰偏后是腾出前面的水域，可以安排山脚小坡和舟楫竹筏等配件，丰富画面。

主峰的姿势决定位置，而位置会决定布局形式。所以必须选择最能表现它个性的姿势、角度以及位置作为造型基础。主峰多由一块天然成形的山石组成，也可以由几块山石拼接而成，但用几块山石拼接的主峰必须在质地、色泽以及纹理上基本一致，以求和谐、融洽、浑然一体。若达不到这个要求时，就不要勉强组合，否则主峰全无神韵，作品势必失败。

着手主峰的组合时，就应注意次峰、配峰的安排。有时由于缺少了一个次峰或缺少了构图中需要的某一配峰的特定形态，组合过程也会无法进行下去。硬石主峰的完美，配峰的选择、默契以及备有充足的可供选用的石料均成为作品成败的关键所在，哪一方面不具备都将会影响组合的进行。次峰通常紧靠主峰一侧，用来增强主峰山体趋势，丰富主峰的层次与变化，并可使主峰与配峰之间有一个适当的过渡，一般这样成型的主峰不会显得单调和孤立。

主峰布局安排好之后，才可进行配峰的组合。配峰应同主峰在风格上相统一，在趋势上相互呼应，但在形体上又必须有所区别。

配峰应明显低于主峰，用配峰的低矮来衬托主峰的高耸挺拔，若主峰、配峰之间高低不明显，则就显得主次不分，客要欺主了。

其次，配峰要与主峰呼应，向主峰顾盼。虽然配峰在整个景物中是客体，是次要景观，但是主体需要客体的陪衬，就如红花需要绿叶的扶持一样。主峰要有配峰的映衬，但这映衬必须是主、配峰在形体、线条以及色彩上均做到有呼有应、相互顾盼，这样作品就会给人以完整和紧凑的感觉。

主峰、配峰之间有两种概念：一种是在一组山峰之间也存在主次之分，大的为这一组的主峰，其他为这一组的配峰；另一种是一盆作品由大小几个山峰组合而成，大的一组称主峰，其余的为配峰。因此主峰与配峰可以是定局后的总体间的主、配关系，也可以是布置在某一组内的相互主次关系。在主峰、配峰以及坡脚的组合安放时，还要适当地安放一两个平台，穿插在大小山峰、岗岭坡脚之间。因为一件山水盆景中全是高耸、圆浑的山形岭状，未免太过单调，欣赏时难免会产生视觉疲劳。因此在峰、岭、小坡之间置放平台，使其险中显平缓，增加画面的平衡、和谐，更方便于摆件的安放，会出现意想不到的效果，不可忽略。

平台有多种形状，比如高平台、中平台、低平台、悬崖状、高低组合等。一般比较常用的为低、中平台。

在组合布局时，既要突出重点，更要兼顾全局，只有全局掌握安排得体，作品才能够成功。故必须精心安排山峰之间的高低、大小、前后层次以及左右开合，以产生强烈的节奏起伏感、优美流畅的画面以及深远的意境。

其过程通常是先主后次、先大后小，先粗放后细放，最后重点安排山脚坡岸与水中点石。

坡脚是山体与水面的连接处，有了恰到好处的山脚坡岸和点石，山峰与水面之间才有了一个缓冲过渡，正是它的起承转势，才有了山峰之间的前呼后应，峰转嶂回。而曲折的水岸线可使原本静止的水面产生流动的感觉，整个山势就活了起来。这是组合布局重点所在，不可以忽略大意。

（4）胶合

胶合可使山石在盆中固定下来，实现永久保存的目的。

组合布局完成之后，不要急于固定胶合，可以先放上几天或者更长时间。回过头再来细细审视，或许会发现在整体布局上还有一些不够理想之处，就可以进行修改调整。

在制作过程中也可以采用胶合这一技术手段，使一些原本不完整的山峰或有缺憾的部分借助胶合技术变得完整、理想。但经过胶合拼接的山峰，其牢度显然不如整块的好。在运输、碰撞以及时间久长的情况下，容易破损。

一些石材通过胶合，使简单变灵巧，单薄变壮实，平淡变神奇。但胶合中运用最多的还是山石横向之间的胶合，即山峰与山峰之间相互拼合，使略显单薄的几个山峰胶合成一个峰峦起伏、雄壮险峻的群峰。如果有横折皱纹的山石，如千层石，就可以采用上下叠加的胶合手段，使原来低矮、缺少气势变化的山峦经胶合后变成极具韵味的山体佳景。另外，欲做一个悬崖状主峰而缺少天然成形的悬崖状主峰时，也可以采用胶合手段做成悬崖状的山峰。但必须注意的是，在胶合之前，要把山石材料洗刷干净，去除其表面的风化层及污染物，使水泥胶合牢固。

尽量选用高标号的水泥进行胶合。直接用801胶水搅拌，无需加水。胶合之前根据石料的颜色，掺入部分水溶性颜料，尽量使水泥色彩与石料色彩相吻合。也可待水泥干后，刷上丙烯颜料。在锯截石料时，将石料的锯屑收集起来，将这些石料锯屑撒在水泥外面，使有水泥接缝处的颜色基本上同石料色泽一致而不露接缝痕迹。

为使石料胶合不走位，可拿铅笔在石料背后的盆面上用笔画好记号，再拿下石料，蘸上水泥开始胶合固定。胶合次序为先主后次，先大后小，由后至前，由中间向左右两侧进行。并且要注意留出适当的空穴，以便于栽种植物，并及时用画笔蘸水将水泥污迹刷洗干净。也可以用小刀在水泥初凝时轻轻刮除底部外溢及石料上的水泥，再用钢丝笔刷仔细刷洗一遍，用水漂净。

（5）植物栽植

将植物栽种在硬质石料中的难度要比软质石料大得多。这是因为硬石不像软石容易雕琢洞穴，可供填土栽植植物。加之软石吸水性能好，栽种的植物也容易成活，而硬石中的栽种全靠在组合拼接时事先特意留出的洞穴缝隙，使其能盛土，又要注意浇水及下雨时洞中缝隙的水能及时排出，这样植物才能生长良好。

植物以株矮叶小为好，木本或草本皆可。此外，还可在外露的泥土上铺设青苔，以便于泥土不致外露掉入盆中而影响盆景清洁美观。

有时整块山石做成的主峰由于缺少洞穴和缝隙而无法栽种植物，可以采用"附着法"栽种植物。即挑选适宜的植物，将其从盆中脱出，剔除旧土，剪除过长、过多根系。再用双层塑料窗纱盛上培养土包裹住植物根系，上端扎紧后将其固定在山峰后面，并让枝条从峰峦一侧伸出。还有一种方法，用瓦盆碎片附在主峰山石背后需要栽种植物部位的山石上，先用铁丝绑住，作暂时固定，然后用水泥抹在瓦盆碎片边缘，待其水泥干透之后，就可在瓦盆碎片中间的缝隙处盛土栽种植物了。

栽植树木要做到"丈山尺树"。中国画论有"山大于木，木大于人"之说，因此在选用植物时，尽量选用株矮叶小的植物。

植物栽种也有讲究。或多或少、或正或斜、或疏或密、或大或小、或近或远，是否得体，对整件作品的观赏性及美感是十分重要的。有的作品在布局胶合完成后，由于缺少石料，在整体构图上会留有一些缺憾，可以借助栽种植物加以弥补。

（6）摆件

摆件主要有亭、塔、桥、楼阁、屋舍、舟楫、水榭、竹筏、人物、动物等。其质地可分为金属、陶质、瓷质、砖刻、石刻、竹刻、木质、蜡质、有机玻璃、骨雕、泥塑等。摆件要求刻制精巧，形态逼真而生动，古朴雅致，并具有一定的牢度。

恰到好处地点缀一些摆件，可以增添山水盆景的生活气息，使欣赏者更容易喜欢它、亲近它。由于人的活动总是和自然山水联系在一起的，所以人离不开大自然，大自然又需要人来改造。虽然摆件在山水盆景中所占的比例都很小，但其所起的作用却很大，它可以帮助表现特定的题材，增加观赏内容，创造优美的画境及深远的意境，有画龙点睛之妙，并可起到比例尺的作用等。

摆件的安放要根据盆景的题材、布局以及石料等因素来选用，并不是拿来随意摆放，也不是越多越好。如悬崖峭壁上安置小亭，可供人登高望远；而险峰山崖之下一叶轻舟，会产生静与动、大与小、重与轻的对比；前面的摆件略大，后面的略小，会使景观深远无比；而岸边水际设水榭、屋宇，使人心旷神怡；将亭台楼阁隐藏在山后一角，似隐似现，会使欣赏者产生丰富的联想，达到景有尽而意无穷的境界。

山水盆景中的摆件安置应做到"因景制宜"。何处宜置舟、桥，何处宜置亭、塔，都要服从景物的环境和主题需要。唐代诗人王维在其《山水论》中说："山腰掩抱，寺舍可安，断岸坂堤，小桥小置。有路处，则林木，岸绝处，则古渡。水断处，则烟树，水涧处，则征帆，林密处，则居舍。"如水湾平滩处可作渡口，宜泊舟船；山脚处宜居人家，可置屋舍；溪沟上跨设小桥；山腰处置凉亭等。另外在安放摆件时，还要注意透视关系，大小比例，以少胜多，露藏得宜等。

5.2.2 软石创作

软质石料吸水性能好，易于生苔栽种植物。石种硬度在1.5～2.5级，便于雕琢、锯截，可塑性强。选材不受外形的局限，可根据创作主题和作者意图随意雕琢成型，通常一些硬石无法表现的格式内容、皴法技巧以及造型方法均可以在软石中表现出来，丰富了山水盆景的内容。缺点是容易风化和损坏，石料质感不强，神韵不及天然硬石，而其经济价值也远远不如硬质石料。

由于软质石料一般都没有天然形成的外形与皴纹，因此加工重点主要在雕琢与组合布局上。其过程大体可分为选石、锯截、雕琢、组合以及胶合等几个程序。

（1）选石

软石可塑性强，选石相对要简单些。如浮石、海母石以及砂积石等没有现成可供利用的山形轮廓，都要靠作者雕琢成形。所以从这一点上来讲，软石的加工可能要比硬石更麻烦些，起码它在纹理的雕琢上，作者还要熟悉了解山体自然纹理的变化，学习山水画中的"皴法"技艺，这样才能雕琢出自然顺畅的山体皴纹来。

软石的可塑性大，可以随心所欲地进行雕琢及修改。这种雕琢、修改可以大刀阔斧将其外形轮廓作大范围的改变，也可以是局部小范围的，这就是软质石料在加工中的长处，如图5-1所示。

图 5-1　多块石头组成的山坡

在一件作品未定型之前，其布局构图均不可能是完美的，必定要在各个位置上进行修改和调整，在外形上做改动。每一块石料可以摆成各种姿势，也可从各个角度查看实际效果，来选择位置，直至满意为止。

（2）锯截

锯截是山水盆景的制作都离不开的一道工序，因为一盆山水盆景中所有的山石材料底部都要平整，胶合好的山峰才有固如磐石、稳如泰山的感觉。勉强凑合省去锯截这道加工程序，则创作出来的作品必然不会令人满意。

软质石料质地疏松，通常用钳工钢锯即可任意锯截。在锯截前必须反复审视观察石料，按照设想的造型要求来确定下锯点。如一时看不准，可以用白纸将下面不要的部分遮住，用笔画出锯截线，然后再动手锯截。为避免锯截时出现的偏差错误，影响前后间角度姿势，可以在山石侧面画一条角度线，供锯截时参照。画线的正确与否直接关系到锯截的成败，画线正确可以减去许多麻烦而提高石料的使用价值。若要锯截大块石料，则可以从几个方面锯截，或用平口锤轻轻敲击，将底部做平。若锯截后底部不太平，则可在水泥地面上磨平，也可用砂轮磨平。

用钢锯锯截石料时要心平气稳，不能操之过急，若锯得太快，锯条容易退火不耐用。过快拉锯也容易将锯条别断，还易使锯面不平或偏离截线。锯截时手要拿稳锯把，锯条垂直向下，拉锯用力要均匀，并注意锯条是否始终在锯截线上。若遇较厚山石，则可正反两面调换锯截。

在切截好主峰和配峰之后，还要切截一些矮山、小坡和平台之类的山石材料。这些山石材料必须多切截一些，以便于在组合布局及处理坡脚、水岸线时选用，而多余的石料下次还可以再用。因为主峰、次峰前面的迂回曲折、前后变化都要靠这些低矮山石来处理，这些山石材料可利用主峰锯截时余下的石料，或者将损坏的石料换一个角度切截，使废弃的石料得到再次利用，如图5-2所示。

图5-2　高、中、低平台

（3）雕琢

雕琢在软石的加工过程中是十分重要的一环。因为软石大多不具备天然纹理和自然成形的山体外轮廓，其中除芦管石有天然成形的纹理外，其余的多需依赖人工雕琢纹理和山峰外形，因此雕琢是软石制作必须掌握的一项技术。但是雕琢技术不是那么容易掌握的，必须要在多次的实践中，逐步做到熟练乃至得心应手。

自然界中山石的外形表面都有其各自不同的石纹，这些石纹就是岩石的纹理、裂痕、断层、凹凸、褶皱等表面的变化特征。其特征会由于山石的地质结构、自然风化的程度不同而不同。经我国历代山水画家艺术概括，逐渐在山水画技法上创造出许多形式优美的"皴法"来。

传统的山水画皴法中常用的有披麻皴、斧劈皴（图5-3）、乱柴皴、解索皴、折带皴、卷云皴、荷叶皴、钉头皴、马牙皴等。

外观平平的软质石料，经过作者精心雕琢加工之后，就可以成为皴纹丰富而又自然的山峦峰岳形状。雕琢时常用的工具有尖头锤（手镐）、凿子、螺丝刀、刀锉、废锯条等。其加工步骤通常分两步进行，首先加工山体轮廓外形，包括山体主要脉络与沟壑。将主峰、次峰、配峰及坡脚等大致形态完成，这一过程往往同布局组合同步进行。

在布局组合进行完毕之后，再对盆中山峰重点脉络、皴纹进行进一步的精心修改与细心

图 5-3　斧劈皴

雕琢，使盆中所有山峰和坡脚的表面纹理与脉络都达到事先构思的预期效果。

加工山形轮廓时通常先用手镐进行，也可以用其他工具。手镐使用的灵活及熟练程度，要靠作者长期的实践制作。俗话说："熟能生巧。"注意加工时要认真对待，细巧用力，落点准确，不要一次用力过猛，琢得太深。山水画论中有："画石之法，先从淡墨起，可改可救，渐用浓墨为上。"

加工步骤要先主峰，然后再次峰、配峰，最后加工山脚小坡以及远山。加工时还要考虑到整体山峰的外形轮廓，要使整个山体在立面上前低后高，平面上前窄后宽，并要将总体山形轮廓安排成不等边三角形。

加工山峰外形轮廓时，可先胖后瘦，先大后小，先高后低，逐步进行。对于初学者来说，更要注意掌握这个原则，由于山石一旦降低高度或变瘦了是无法弥补的。先要雕琢出满意的轮廓造型，使山峰有丰富变化的外形。

山体轮廓完成后，已将山峰的前后、左右、疏密、高矮等变化基本形态雕琢好。但这种变化还没有和整体协调起来，还很粗糙，需要再进行山体脉络、纹理的细加工。

脉络是贯穿全山的命脉，纹理则是脉络的继续延伸，仿佛大江支流连绵不断。缺少脉络变化的山显得简单、平淡、稚嫩，反之则山形变化丰富，老气横秋，刚健有力，增加了艺术效果和欣赏价值。

山水盆景中展现的是自然界中千姿百态的山景水貌，它们或雄奇、巍峨、险峻、壮观，或秀丽、幽雅、清新、宁静。它们之间既相互联系，又各具特点。对此，必须了解、熟悉、掌握山水形貌特征及山体细部纹理的变化，做到"胸有丘壑"。清代画家笪重光说："从来笔墨之探奇，必系山川之写照。"加工时可借鉴我国传统的山水画"皴法"技巧，使自然界中山峰地质结构及自然风化的程度不同而产生纹理、裂痕、断层、凹凸、褶皱等表面特征并通过人工雕琢而表现出来。使经过加工之后的山峰纹理、脉络细腻自然，嶙峋多姿，十分具有真实感。

用手镐加工出来的脉络有一定的规律，缺少变化并且对比不强烈，达不到预期的效果。而细加工就是在此基础上，采用废旧锯条的斜断口，借助其尖头及锯齿进行刻、拉，来创造新的纹理，使之皴纹区别于其他线条脉络，使主次对比更强烈。也可采用螺丝刀、刀锉等其他加工工具，按照所需要加工的纹理粗细、脉络深浅选用不同的工具。锯条在刻拉时要有角度变化，可斜、可正，才能变化更丰富，使之出现长短粗细、强弱刚柔、虚实疏密、曲直顿挫、正斜藏露等多种对比变化。然后再将雕琢的纹理凹凸之处用有棱角的薄碎砂轮轻轻打磨一下，以除去火气，使线条纹理表面更柔和流畅，但必须注意不能磨得过分圆润光滑，那样会显得不自然。

加工时要避免在小范围内出现等距排列、重复雷同、生硬做作现象，更不能满石皆是平均分布的线条。前后、左右的几座山峰更要注意有所变化，由于相近的物体容易相互比较，会使构图产生简单的雷同。应从主峰开始加工，其次序为先大后小、先近后远、先上后下、先浅后深、先粗后细，逐一进行。要注意皴纹主峰多之，配峰少之，阴面多之，阳面少之，近山多之，远山少之，重点处多作表现，虚实主次恰到好处。

雕琢完成一部分后，即可将山峰放在盆中，退后几步，仔细审视，如果发现不满意处再行修改，改正后再审视，直到满意为止。

（4）组合

软石山水的主峰及配峰当以完整的整块山石材料加工为好，但小山、坡脚等需要组合完成。由于大块山石材料难觅，或者是初学者难以掌握大块山石的加工雕琢技巧，可以采用数块山石加工成数个山峰形态，再将其放入盆中组合。而在组合过程中常常会发现山体的某个部位形态不够理想，因此还须作进一步改进。也会由于缺少设想中的某一配峰的特定形态而必须重新为此再作加工，以补上这一缺憾。或者可调整改进构思，这样，雕琢与组合往往又可在一起交替进行，不必分得太死，如图5-4所示。

图 5-4　五块小石组合过程

组合时要先立主峰，确定好主峰位置后才进行配峰组合。主峰要求突出、醒目。配峰各自高低有变化，以达到衬托主峰，丰富造型。山与山相连为实，但连而不分又显过闷，没有空灵透气之感，反而会冲淡主题。山与山各自为政、互不顾盼为虚，分而不连，作品又显无神散乱，此两者都要舍弃。

要使整体山形达到形神兼备、丰富变化的规律之中来，必须把山的局部和个体的造型处于不等边三角形变化关系中，并和总体的关系也处于不等边三角形关系中。

在组合布局的过程中，根据盆中山峰组合的效果，有的还可以将原来的构思立意作调整，重新进行一种新的布局。由于有时原准备好的山峰、配峰以及山脚等石材，经组合在一起才发现整体构图平淡无味，不尽如人意。而经过调整，将一些原不经意的山石配上后反倒觉得效果良好，这在组合布局中是常会遇到的。因此，在布局组合过程中，或者是布局已成型的构图形式，在发现不满意时，仍可进行调整，甚至推倒重来，直至完全满意为止。

在组合布局过程中，要想使造型构图达到十分理想完美的境界，当然必须要遵循一定的艺术创作原则及掌握一些制作技巧，并加以灵活施用，使小小盆钵中藏参天覆地之意，展江山万里之遥。

（5）胶合

盆中山石经组合布局完成后，接下来的工序就是把盆中所有的山峰及坡脚进行胶合固定。

胶合前先将所有的石料都刷洗干净，并将山石浸在水中，让山石吸饱水，以便在胶合时可以增加胶合强度。

通过胶合将几块小石料拼接成一块大石料，将几个小山峰连接成一个大山峰，将几块零乱的山石拼合成高低起伏的群峰状，使其成为一个整体。只要胶合得体，拼连成的山峰也可同整块山石雕琢成的山峰相媲美。

软质石料左右连接容易胶合，也不会影响山石强度及吸水性，但上下胶合就不可取了，由于水分不能渗透上去，会使胶合后的山峰上下部分颜色不一而影响整体效果。

胶合通常都用高标号水泥，直接加入801胶水搅拌，不必加水。

胶合时，可用铅笔在盆面山石后面画线作记号，防止搞乱。胶合先后顺序：先大后小，由里及外，先主峰再其他，先后面再前面。

软质石料由于石质疏松，不易长期保存，平时在移动时底部易遭损坏，所以在胶合时先在石料底部抹上一层水泥，这样可以增加牢度。石料相接部分要涂上水泥，另外，也可在石料背后底部与盆面连接处涂些水泥。

凡接缝处外溢水泥，要用毛笔及时蘸水刷洗干净，以免影响美观。也可用原石料的细锯屑撒涂在接缝的表面，这样也可掩饰水泥拼接的痕迹，而使胶合效果完美。

（6）植物种植

植物栽种是山水盆景必不可少的一环，若山石盆景中没有绿色植物的点缀，就会成为毫无生机的荒山，那作品也就不会感人。但表现戈壁沙漠的山景可以例外。

宋代山水画家韩拙在他的《山水纯全集》中写道："山以林水为衣，以草木为毛发……"山水盆景与之一样，也需要树木植物为山石峰峦作点缀。石头虽然有灵气，但它毕竟缺少了生命活力，而配上了绿意盎然的植物之后，整件山水盆景就增添了勃勃生机及无穷魅力，增加了作品的观赏内容，加深了作品的内涵，使欣赏者更容易与作品产生思想上的共鸣。

如何栽种植物才能达到满意效果？可根据题材、山形、布局以及石种等因素综合考虑，并要符合自然规律及大小远近透视原则。如高山峻岭可栽松柏类植物，若是高耸挺拔的山峰，还可以在半山腰栽上悬崖倒挂的树木，以增加悬、险的气氛和意境。平远低矮江南丘陵则宜选择叶小枝短的杂木类，或者用半枝莲小草点缀。要遵循近山植树，远山种苔或小草；下面树大，上面树小的透视原则，尽量符合"丈山尺树"的比例关系。另外，还要注意的就是疏密得当，不可满山遍布，遮山挡峰，将植物栽得过多过密，掩盖了山峰的秀丽与雄健。

有些山石近景因为是局部特写，可允许适当作些夸张，所以树木比例可略放大些。

软质石料吸水性能好，所以栽上的植物也易于成活，只要平时石盆中经常有水就行。由于软石易于雕琢，因此栽种植物前可先在所需留下洞穴部位处进行雕琢，凿出洞穴以便盛土栽植物。洞穴以外口小里面大为好，因为这样土壤可以留在洞内，不会由于下雨或喷水将土冲出，从而污染盆面影响美观。

用来种植的树木应该是养护成活多年的树木盆景材料，应该具有一定的造型形态，最好是枝叶比较茂盛的小树。因为种植不是单纯地为山石"绿化"，它还能弥补造型中的不足之处。如山峰高度欠缺，上部种植后能改变原有高度，另外还可给山形轮廓增加起伏节奏，使画面产生曲线变化的效果，从而达到"遮丑"的目的；如山峰侧略显瘦弱，栽上丰茂的植物可使其增"胖"；如山脚低洼处略显虚旷，栽上小树后则虚旷可以全无。

种植洞口小时，可先将树木脱盆，去掉盆土，仅留根系边少部分泥土。轻轻捏拢根系，用细铁丝松松绕住，一头固定在树干基部，另一头则从种植口进，排水口出，拉住穿出的铁丝，慢慢将根从种植洞孔拉进洞穴内，待根系全部进入洞穴内后，松开铁丝，让根自然松开，慢慢将细土倒入洞内种好。待上面填土充实后，再从下面排水口向洞穴内补充填土，务使全部根须被土包住，这样才可用苔藓将上下洞口堵塞住，使土不致流失。

5.3　几种山水盆景的制作技巧　<<<←

5.3.1　高远式山水盆景

高远式山水盆景具有壮丽磅礴、线条刚直的特点。因此制作时常选用硬质石料中的斧劈石、锰矿石、砂片石等，也可以用软质石料中的芦管石。盆形以长方形、椭圆形为主。椭圆形的盆钵其弧形线条与盆中高耸挺拔的山形相衬，更有刚柔相济的艺术效果。

高远式山水的主峰高度以盆长的三分之二左右为宜。若主峰过于低矮，则显现不出刚健挺拔、险峻雄伟的气势。配峰可以安排较矮一些，大约为主峰高度的二分之一或者三分之一，以衬托主峰的挺拔高耸。这样主次上下顾盼呼应，对比强烈，效果明显。高远式山水的主峰之下通常都置放平台，平台高度宜在主峰高度的三分之一以下，可在其上安置村舍茅屋或人物等配件，增加生活气息。平台的安置可使其与高耸的主峰形成一种强烈的反差，陡缓相间，富于变化，险夷相衬，活泼生动，上下呼应。

栽种植物以常绿的松柏类为好，如真柏、五针松等，也可作适当夸张处理，树的比例尺度可以放宽，以突出近景的效果，整座山峰上呈现出生机勃勃、绿意盎然的景象，使观赏者产生一种身临其境的感受。

5.3.2　平远式山水盆景

平远式山水盆景表现的场景较大，有咫尺之水瞻万里之遥的功效，因此盆中的山峰必须以低矮为主。山景注重向左右两边铺排，讲究的是连绵起伏、迤逦多变的低山丘陵与缥缥缈缈的碧水萦回。"孤帆远影碧空尽，唯见长江天际流"给人一种千里江山不断、万顷碧波荡漾之感。主峰与配峰之间的高低对比不甚明显，峰峦与平岗小阜连成一片，起伏连绵，前后相衬，水天相连，一望无边。

软石类中的浮石、海母石以及砂积石等适宜做低矮的平远意境，软石便于加工雕琢，较易创作多变的山体表面纹理。

平远式山水在布局时最忌将山石布满盆中，出现满闷、拥塞的现象。为此，可以将盆中水面的比例放至盆面的二分之一或三分之二，水面上布以散点石及风帆，使之虚中有实。

盆中山峰低矮，容易产生稚嫩、简单、平淡无奇的现象，应注重山体表面皱纹的细心雕琢加工，并在处理山峰坡脚水岸线时加大力度精心安排，使山脚水线迂回曲折，变化流畅。忌栽较大植物，可以用半枝莲或枝叶细小的常绿植物。亭、阁、房屋和人物、舟楫等配件安置时，也须严格掌握好比例尺度，摆件不应过大而破坏整个画面协调。

5.3.3 深远式山水盆景

用盆要注意前后纵距适当宽一些，以便于在盆中布局时前后层次的安排，所以盆形以正圆形或方形为好。深远式山水盆景布局时要注意峰峦不能排列在一条纵轴线上，要使盆内的山峰既起伏交错、紧密联系、互相呼应，又要有开合之变，变化丰富，有断有连。由于山峰通常较多，可以有多组山峰前后、左右组排，水面不宜太多，以占二分之一为宜。水面过多会使画面比重太轻、太空，而缺乏饱满坚实之觉。可以将一组山峰作为主峰，其余都为配峰，主峰与配峰之间须前后相连，由低渐高。峰与峰之间高低错落，左右开合，并适当安排低山、远山连绵，使之形成远景。给人以天旷山遥水阔之感，使盆中景物获得深度与层次，这样虽然盆中山峰较多，也不至于出现呆滞平庸现象。

栽种植物要近实远虚，前大后小。远山铺青苔，中间植小草，近山栽植物，方符合透视原理。

5.3.4 立山式山水盆景

立山式山水盆景盆形式以长方形与椭圆形浅盆为主，所选用的石种范围较大，软、硬石皆可。

制作时应将重点放在主峰的加工上，要精心构思，仔细雕琢，使主峰苍然屹立，雄秀并重。主峰通常以一块山石做成，也可以用数块山石拼成。而配峰则简单些，以低矮之平拙来衬托出主峰的雄秀之美。刻意在主峰山脚边安排一些小平台，置以各种配件，在水面上则安置舟楫。山峰上则可以栽多种形式的小树，以常绿观叶植物为好。

若感觉到两组山石组成景观有些单调时，则可在主峰或配峰之间的稍后一侧，再安排上一组远山。这组山石须比配峰更低矮，使布局近大远小，前开后合。如安排的这组山石比配峰高大，须靠近主峰一边为宜，适于表现广阔的湖面及深远景色。

5.3.5 斜山式山水盆景

斜山式山水盆景的盆形可以椭圆形为主，长方形亦可。可选用千层石、奇石、砂积石、斧劈石等石料。应尽量选用纹理走向协调一致的山石，使之与倾斜的山峰气韵连贯，不可出现垂直或者逆反方向的纹理。另外山形的外轮廓须注意所有山峰都倾斜向一个方向，最好选择相同或相似的纹理、相同色泽的石料为好。

布局有两种形式。一种是在主峰倾斜的前面适当留出部分水面，但也不宜过多，并在水面上安排一些低矮的配峰与倾斜的主峰相呼应；另一种是主峰靠近盆边沿，前倾一边基本不留水面，其余山峰向另一侧逶迤连绵至盆边，但必须在山峰的正前面空出一定比例的水面，不然整个造型会出现满闷现象。也可以空出水面而不置山峰，仅以舟楫小船数只置于水面

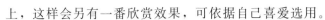

上，这样会另有一番欣赏效果，可依据自己喜爱选用。

倾斜的山峰可以峰与峰相连在一起，但须有高矮、松紧变化，不可对等，并要注意避免朝一侧透迤的山峰出现等距排列的楼梯状现象。还可以在峰与峰之间适当空出一些水面，做到似连非连，若即若离，在主峰前面安置小峰及山脚平台，可以增加层次加重山体而不至于显得单薄。水面上要有碎石点缀，使之虚中有实。山脚水岸线也要曲折迂回有变。

倾斜式山水盆景的倾斜角度要适宜，若倾斜过度，则势必给人重心不稳、山体要倒的感觉；而山峰倾斜不足，则又无动感倾斜的效果，失去了倾斜式山水的特点。因此在布局时应反复比试，达到最佳角度时方可定型胶合。

5.3.6 悬崖式山水盆景

悬崖式山水盆景用盆首选长方形或椭圆形浅盆。石料既可用硬石，也可用软石，通常以软质石料中的浮石、砂积石为多，此类软质石料质地比较疏松，便于雕琢加工成各种造型需要的悬崖形状，能够符合创作主题之需要。若有天然成形的悬崖状硬石，加之有其他配峰石料，则加工出来的悬崖式山景与软石类悬崖相比更有气势。但自然界中优美的悬崖状山石较为少见。相比之下，软质石料就有更大的可塑性。

悬崖式山水盆景的布局形式与偏重式相同，盆中由两组山石或三组山石组成。悬崖式山水盆景是最具有动势的造型形式之一，主峰呈明显的悬崖状，上部相当大的一部分山体要伸出山峰中心线外，山头朝一侧倾斜，悬出一部分，成峭壁险奇状。这极容易致使视觉上的景物重心不稳，但如求稳过度又失去了悬崖的风韵，可将倾斜主峰背面一侧山石的比重增加，以一定量的山石体重来压住另一侧伸出的悬崖山峰，以达到视觉上的平稳；或通过悬崖主峰下面山脚的延长，使整个山峰成不规则的弯弓状来克服险与稳之间的矛盾，亦可通过配峰调节主峰重心不稳。配峰山体要尽量低矮平淡，其高度可掌握在主峰的四分之一左右，山形不宜过分繁杂，要简洁自如，与主峰相互呼应，以突出主峰悬崖的雄奇险峻。

植物可以栽在悬崖上，使其枝叶向下面悬挂摇曳，以渲染悬崖山峰的气势使其更具有艺术欣赏效果。

5.3.7 峡谷式山水盆景

峡谷式山水盆景用盆以正圆形为好，因为峡谷景色要有一定的深度才能体现出两山对峙、中贯江水的险峻幽深。石料多选用龟纹石、砂片石、雪花石、斧劈石等硬质石料，因为硬石具有天然生成的纹理、色泽以及神态，比较适宜表现层峦叠嶂、绝壁峭立的峡江景色。若没有合适的硬质石料，则用软质石料中的砂积石、芦管石，只不过在气势上不如硬石更显挺拔雄浑、刚劲有力。

布局造型时通常多用两组陡峭险奇的峰状山石，一矮一高，相峙中形成峡谷。两组山石相隔距离不能太远，若太远了则没有峡谷气势。一组山峰为主，置盆的一侧。这组为主的山峰在体量、高度上必须要明显超过另一组山峰，并且其最高峰应在临江边，低峰向外侧连绵；而另一组为配峰，在形态、高度上略小于主峰。这组配峰与主峰紧紧相靠，中间仅留出狭窄的水道，水道前面宽阔，后面逐渐变窄乃至到最后被山峰阻挡而见不到头。水道的处理以弯曲变化迂回为好，忌笔直无变。要达到这种效果，可以将配峰这组山石紧靠另一侧的主山，并将其主山一侧遮住，使峡谷水面呈 S 形弯曲，这样就有了峡谷的深度及变化。

山脚坡滩安排不宜过多，要着力表现出峡谷的险奇陡峭之神态，可适当在峡谷中间的水道上点缀一两块小碎石以作急流险滩之意。山峰侧面山腰处可植小叶或针叶植物。为增加江水的动感，在峡谷水道中安置风帆小舟配件是必不可少的，让其若隐若现，静中有动，增加了峡谷的幽深、山高水险的气势。

5.3.8　孤峰式山水盆景

孤峰式山水盆景可选用正圆形或者椭圆形盆，就是选用椭圆形盆也要注意盆的长与宽之比尽量与正圆形尺度靠近为好，因为盆中只有一座山峰，其他盆形均不太合适。可选芦管石、砂积石等质地比较松软的石料，易于雕琢洞穴险壑，使山形变化奇秀，增加观赏效果。同时可以防止因独峰缺少变化而产生的平淡。主峰周围不作配峰相衬，可以适当安排一些矮石与散石以作岛屿，来与孤峰作呼应。

布局时，可将主峰安排在正中略靠左或右，但不宜放置盆的边缘或正中，因过分靠近盆的边缘会产生不稳重的现象，而置于正中会缺乏生动感。并可在孤峰前侧置以平台或者在孤峰山脚边安放高脚亭台、水榭等，水面上可放置渔船，增加动感。要挑选一些叶片丰茂、株形矮小的苍松翠柏，细心栽入峰上已凿好的洞穴缝隙之中，或飘，或悬，来增加孤峰式山水的秀、奇、险的欣赏效果。

5.3.9　群峰式山水盆景

用盆则以长方形、椭圆形为主。选用石料非常广泛，各种软、硬石料都可以，但以雪花石、斧劈石、芦管石等竖纹明显的石种为好。

布局时先处理好主峰，一定要突出、醒目，使主峰在高度、体量以及形态皴纹上都要比其他次峰、配峰略胜一筹。我国古代山水画论中有"客不欺主，客随主行""主山最宜高耸，客山须是奔趋"之说，这些充分说明了主峰在整个布局造型中的重要作用。

主峰可置于盆的正中偏一侧，或右、或左都可以。其余配峰与其相衬。制作时可以多做成几组山峰，大小、形态要有所区别，然后在盆中随意组合、调换，可以组成多种不同形状、姿态各异的山水景观。只要山石不与盆面胶合固定，就可以重新更换一种布局景象。一景多变，一盆山水盆景可以变换成多种山水景观。

由于盆中山峰较多，要尽量避免出现盆中山峰雍堵郁闭的现象，可以在山峰之间多透出些空间，做到空虚灵秀、密中有疏才能引人入胜。如是软石类石料，还可以在峰岳上凿以凹沟洞穴，并尽量将山体轮廓处理得险峻清秀些，不要过于雄壮粗矮。

植物尽可能挑选一些叶小清疏的植物，如六月雪、小叶女贞、米叶迎春等，点缀山峰之间。

5.3.10　连峰式山水盆景

连峰式山水盆景对石材要求不严，其主峰可置于盆的一侧，也可以置于盆的正中。因为它没有配峰可移动来调节均衡关系，它的虚实变化也只能在整体景观中来解决。峰峦的起伏变化要有轻重缓急之分，并尽量注意在峰峦正面留出足够的水面并作虚实前后的开合变化，连体的山峰前面坡脚多作曲折迂回的变化。并将山峰之间的高矮处理得明显些，来增加山体外形的起伏变化并使造型得以成功。山峰胶合时可以将整座山峰胶连在一起，也可分组胶合，这样在放置时可以连成一体，不影响观赏，而在搬动时又可以分开。若设计合理得体，还可将分开的山峰作随意调整，重新布局成新的造型形式，也不影响作品的整体效果。

另外要注意的是，因为连峰式山水的峰峦是相互紧靠在一起的，所以在盆中的山体分量应在盆面的三分之二以上，水面占三分之一以下，只有这样才不会出现山形过虚的感觉，山上种植小型植物，形成山高景幽、层峦叠翠的优美画卷。

5.3.11　象形式山水盆景

大自然中的象形景观很多，比较知名的有幽深秀丽的巫峡神女峰，桂林漓江水畔的象鼻山，黄山群峰中的猴子观海、仙人指路、老鹰抓鸡等，雁荡山中的金鸡峰、哀猴峰、犀牛峰等，这些奇妙无比的大自然杰作，均是我们创作象形式山水的绝好范本。

在创作时对手中现有的天然形态象形硬石作认真细微的观察，抓住其主要特点，突出象形重点，集中概括，将其最精彩之处表现出来，使人有身临其境的感觉。也可选用较易雕琢的软质石料，按照需要表现象形景观，进行人工塑造成型。但切记象形式山水盆景不是要求盆中的象形景观越逼真越好，若太具象了则容易成为模型。

艺术的真实应该比生活更高、更美、更集中。著名画家齐白石曾说过："作画妙在似与不似之间，太似为媚俗，不似为欺世。"所以还是应该"多一点自然野趣，少一些艺术加工"，尽可能地利用石料的自然象形神态。布局重点突出象形主峰，使景观明确、集中、一目了然。配峰可以简单一些，仅起陪衬作用。

5.3.12　散置式山水盆景

以大而浅的汉白玉圆盆或椭圆形盆为好，石材则以海母石、雪花石、彩纹石或龟纹石等硬石类为好。其布局形式比较随意自然，一般都有三组以上的山石。主峰在盆长的五分之一左右。以其中一组为主，在体量与山峰上均要比其他几组山石略高、略大，其他几组作为陪衬。主峰这一组山石可以置于盆中一侧后面，也可以置于另一侧略前。但要注意与其他几组山石峰峦之间的疏密变化，不可出现峰峰相连过密而出现满闷现象。尽可能地将盆中水面分割成大小不等数块，使盆中的峰、峦、坡、滩以及水面之间聚散有序，多而不乱，水面辽阔，场景宏大，水天一色。

散置式山水盆景主要用于表现湖中群岛、山礁、海滨等自然景色，所有的山都比较矮，景观内容比较丰富，一般有山峰、崗峦、平坡、岛屿、浅滩和水面等。摆件以舟楫风帆为主，由于静止的江、湖上有了扬帆的舟楫，则会使水产生动的感觉，所以风帆小船的安置较为重要。

5.4　山水盆景的绿化

5.4.1　绿化的作用

（1）弥补外形缺陷

山水盆景远看其形，近看其神，神形兼备才能称得上一件好的作品。所以要求山水盆景各个部分（不论主体还是客体）的外形轮廓，不能出现过长的直线、等边三角形、长方形和半圆形等规则的线条。当然，也不是越曲折越好，要曲折有律，繁而不乱。因此，一件山水盆景的外形，一般应具有几个较大而简练的曲折。但在制作盆景时，一些石料，如斧劈石、砂积石等，常呈现一些较长的直线，采用胶合小石的办法来改变直线又嫌不美，为此，常采用种植树木的办法，借伸出山石外的树木枝叶，来营造新的曲线，使外形轮廓更加丰富完美。

（2）延伸盆景意境

山石上种植绿化得当，犹如锦上添花，使盆景作品更加生动自然，成为神形兼备的艺术品。所以，种植绿化是山水盆景扬长避短、遮丑扬美、增添诗情画意的重要手段。同时，山水盆景种植绿化，还有调整重心、分隔层次、增强真实感和完美感的作用，如图5-5所示。

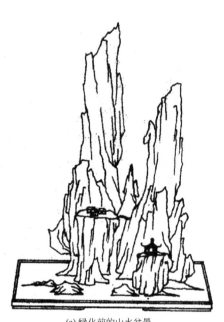
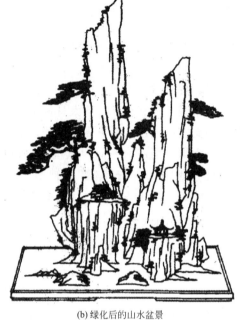

(a) 绿化前的山水盆景　　　　　　　　　　　(b) 绿化后的山水盆景

图5-5　绿化使盆景变得更美

5.4.2　草木和山石的比例

画论中有"丈山尺树"之说。这一绘画理论对创作盆景也有指导意义，值得借鉴。如果树石大小比例失调，则盆景形象不美，如图5-6所示。在山石上种植树木，要选择体态矮、有一定弯曲、叶片小、须根多而且适应性强的树种。根据山石的大小，一般栽种2～3株经过造型的树木。因为造型对树木生长不利，如果移植、造型同时进行，成活率将受到影响。

中小型山水盆景，一般山石都不太高，若要在这不大的山石上栽植树木，而且要和山石形成适当的比例，确实比较困难，尤其是在气候干燥的北方，小树木更难以成活（若有温室则便于养育，但这是绝大多数业余盆景爱好者所不具备的条件）。在中小型和微型山水盆景上，可采用以草代木的办法进行种植。一般来说，草本植物容易成活，不论植于山石小洞或嵌入山石缝隙中都能成活，而且价格低廉，成形快，又可自然繁殖。在诸多草本植物中，笔者认为最理想的就是香港半枝莲了（因其叶片像芝麻粒，有人又叫它芝麻草）。它的叶片呈椭圆形，还不及芝麻粒大，其枝茎却呈大树状，耐阴，喜湿润环境，如养护得好，青翠欲滴，开很小的花朵，种子落于土壤中或山石缝隙中，可自然生出幼苗，如图5-7所示。

除半枝莲外，亦可将文竹小苗植于中小型盆景的山石上。文竹叶片青翠呈云片状，形态比较美观。在山石上栽种文竹，因土壤少，生长速度比盆栽要慢一些，文竹长大同山石的比例失调时，要进行修剪。还有一种铁线草（茎褐色，细如线），叶片呈扇状，也是绿化山水盆景常用的植物之一。

元代画家饶自然在《绘宗十二忌》中说："近则坡石树木当大，屋宇人物称之；远则峰

图 5-6　树大石小比例失调而不美

图 5-7　以草代木绿化山水盆景

峦树木当小，屋宇人物称之。"所以在一件山水盆景中，近处的树木应该大一些，远处的树木应该小一些。山景高处植物宜小，低处宜大。这是近大远小透视原理在盆景植物种植上的应用。

5.4.3　树种、树形与位置

在峰峦的不同位置种植树木，树的品种和形态一定要符合自然生长规律，否则就会失去真实感。如在高山顶部植树，宜种植株矮小结顶、枝干弯曲并耐旱的树种，切忌栽种单干挺拔、喜湿润的树种。因自然界的山顶风大、土壤较干燥瘠薄，挺拔喜湿润的树木难以在山顶成活。在高峻山体的腰部，宜栽种悬崖式耐旱树种。山脚水边应选择喜湿性树种，不要种植通直无姿、形态与山石分离的树木。主峰是一件山水盆景的核心部分，其形态、纹理都比较美观，若在主峰正面植树，就会把纹理遮挡住了。所以，在主峰种树，一般都种在其背面或侧面，这也是露与藏在盆景植树上的应用。常见的适宜树种有五针松、小叶罗汉松、雀梅、瓜子黄杨等，可种植于山顶或山的腰部；六月雪、地柏、桎柳等，可种植在山脚水边，如图5-8所示。

图5-8　在主峰山腰植树应植于主峰背面

5.4.4　山石植树法

在山石上种植树木，因石质不同，方法各异。现将松质石料和硬质石料的植树方法分别介绍如下。

（1）松质石料植树法

松质石料吸水性能好，可在适当部位凿洞（洞口小腰部大）植树。植树后，洞口铺青苔，土不外露，好像树木自然生长在山石上一样。刚种植的树木，根部吸水能力差，应放置荫蔽背风处，每日向树木上喷清水1～2次，半个月左右根部恢复正常吸水能力，即可停止喷水，并逐渐增加光照时间，如图5-9所示。

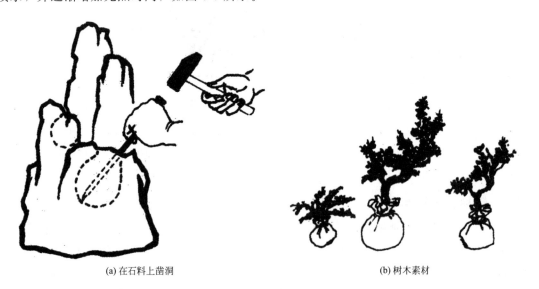

(a) 在石料上凿洞　　　　　　　　　　　(b) 树木素材

(c) 成形盆景

图 5-9　在松质石料上凿洞植树法

（2）**硬石盆景植树法**

在硬石上植树，一般采用附着法和洞栽法。

① 附着法。就是用纱布或塑料窗纱放上适量营养土把树根部包裹起来，用铅丝将其绑缚在山石背面，使枝叶和部分树干显露出来，如图 5-10 所示。

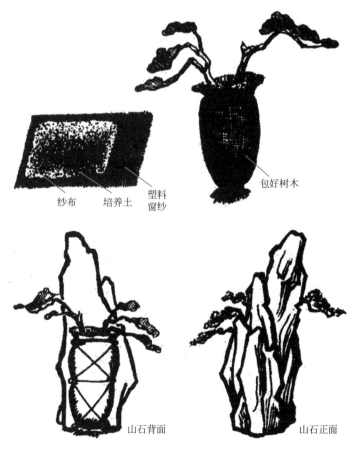

纱布　　培养土　　塑料窗纱　　　　包好树木

山石背面　　　　　　　山石正面

图 5-10　用附着法在硬石盆景上植树

② 洞栽法。就是在硬石造型胶合时，设法造洞植树。如两块相邻的石块中间有一定空隙，可在其底部放一块瓦片，两侧放小条状石，用水泥胶合成洞，洞内放置培养土或山土，水通过瓦片输送到土壤中，栽种的草木即可成活。采用此法，制作巧妙，花草、树木如同生长在山石缝隙中一样。

如洞穴不能通到山石底部，可在洞穴下部留一小口，用脱脂棉拧成较松弛的棉绳，上通洞内，下接底部（棉绳粗细要根据洞的大小和与水面的距离而定）。这样，盆钵内的水就能通过棉绳吸到洞内，供给植物生长需要。如在棉绳外部胶合上薄石片，呈管状，就更好了。若无法胶合石片，将棉绳装入塑料管内也可。但是，如果山石上的洞穴较高，棉绳吸水上不去，那就只有加强管理，经常浇水，洞内栽种的植物才能成活，如图 5-11 所示。

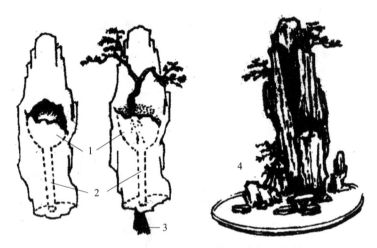

图 5-11 硬石盆景山腰造洞植树

1—洞穴；2—通道；3—脱脂棉绳；4—成形图

5.4.5 吸水石生苔法

让盆景中的山石长满青苔，可增强山水盆景的苍茫感和真实感，所以一些盆景爱好者在制作山水盆景时，都千方百计地使吸水石上生苔。在吸水石上生苔的方法很多，常用的有以下五种方法。

（1）嵌苔法

青苔一般生长在潮湿略见阳光的地方。在山水盆景上嵌青苔，不宜选用生长旺盛较厚的青苔，应选择墙的背阴处幼小的薄苔，用利铲轻轻铲下薄薄一层，贴在山石凹陷处（欲贴青苔处，应先刷薄薄一层泥浆），先放在背阴的地方，每日用小喷壶向上喷水 1～2 次，喷壶距青苔不要太近，数日后便可成活。然后再将其置于早晚可见一小时左右阳光的地方，只要环境潮湿，又不在风口处，青苔便可正常生长，并逐渐向四面延伸。

嵌苔时，山石底部及背阴面可适当多植一些，而山石的向阳处、山顶、山路旁应植疏一些，这样方可与自然现象符合。

（2）涂苔法

将青苔取来，用清水冲洗掉杂质，加入适量稀泥浆，轻轻捣碎呈浆汁状，用毛笔涂抹在山石上。然后将其置于荫蔽处，保持潮湿，不要见阳光，并防止雨淋，不久涂抹处即可长青苔。

（3）液肥生苔法

每周向吸水石上浇或喷两次稀薄液肥水，用玻璃罩（瓶）或透明塑料袋罩好，盆内放雨水（若用自来水，须放置几天后再用）。夏天放在可见散射光的潮湿处，不久可自生青苔。

（4）淀粉生苔法

将吸水石放在雨水中浸泡4～5天，中间换一次水，然后在山石表面撒上薄薄一层淀粉，用草包上捆好，夏季置于潮湿处，保持草的湿润，一周左右可生青苔（严格地说，生出的不是普通青苔，而是一种很小的绿色蕨类植物）。

（5）自然生苔法

用吸水石制成的盆景，只要保持环境潮湿，既有一定湿度，又能见到一定的阳光，日久天长，不用采取任何措施，它自然会长出青苔，如图5-12所示。

图 5-12　长满青苔的山水盆景

5.5　山水盆景的养护管理

山水盆景养护管理的目的是使盆中山水景象长久保存下去。因此，就需要维持盆景中植物的健康生长并尽量保持其已有造型，同时还要对山石进行清洁保养，防止其损坏。山水盆景养护管理工作主要包括以下几方面。

5.5.1　盆面、景石、树身清洁与维修

（1）盆面清洁

外养的山水盆景不论是移入室内布置点缀还是参加展览之前，都要进行一次大整修、大扫除，如图5-13所示为盆面洁净的山水盆景。在日常的养护管理中盆内不要盛水，即使浇水时流淌于盆内的积水也要马上擦干，以免生长绿球藻而影响盆内的洁净。为了防止雨后及浇水养护中产生积水，可在盆边放上细纱布条一头在盆内，另一头悬垂出盆外，

通过虹吸作用让水自行滴出。如条件许可，养护期间用磨石子盆、粗盆、损伤的盆，待展示时调入好盆中，这些是保证盆面清洁的基本方法。日常养护中不要用水直接冲刷，以防止土壤流失和污染盆面。树上、石上、盆内的枯枝败叶和污染杂质要及时清除，不然黄杂等色会渗透盆内无法清除，影响盆面洁净效果。放置、搬动山石要轻，不能撞击、磨损盆面。一旦盆内出现绿苔等污秽，可用去污粉、百洁布擦洗，必要时用铜丝刷、钢丝球清除，也可用细号水磨砂纸仔细磨过，再用硼砂粉细磨，最后用上光蜡抛亮（必要时用草酸等洗净），这样旧盆可翻新。

图 5-13　盆面洁净的山水盆景

（2）石身、树身保洁

有的石种质地致密，石表光洁润滑，为了保持天然色泽，日常可用上光蜡保养。用油画笔蘸蜡均匀抹在石表，然后刷亮，可让山石"永葆青春"。平常可利用洒水机会适当喷淋，以去除石身、树身上的尘埃。注重了蜡（油）养、水养，山石就能无污垢杂物，滋润可爱，始终保持精美的色泽纹理，而树木苔草就可保持葱翠健康之美。

（3）山石维修

山水盆景搬动时如不慎损伤，时间长了山石会自然风化剥落分离，导致树木生长不良甚至死亡。除了修复损伤外，山脚和配峰的遗失、盆的更换变化等都与维修密切相关。及时到位的维修可以延长山水盆景的"寿命"，减少损失。平时要合理使用（如搬、运、放、藏要小心）、精心管理（保养），始终保证山水盆景的最佳面貌。

5.5.2　保持植物生长茂盛

山石上的植物一年四季都能保持生机盎然、枝繁叶茂是最为喜人的。但植物生长在山石上，不利的环境条件严重影响了正常生长，所以日常的养护要从浇水、施肥、修剪、遮阳以及防寒等几个方面着手。

一般栽种植物的浅口盆盛水极少，在炎热的夏季，水分蒸发很快，因此要及时向盆内浇水，除把盆中水浇满外，还需用细水喷壶从山石顶部往下浇灌，可以使山石尽快吸满水，以利于植物根系生长；通过浇灌，也可冲去山石与植物表面的尘埃，保持干净。除了常浇水外，还可以用喷壶向山石植物喷水，效果也非常好。

栽在山石上的植物，因为泥土较少，生长条件较差，而又不能常常换土，所以为使其有足够的生长所需养分，就必须经常施肥。

肥料最好用腐熟的淡水肥，可以多加些水，稀薄的淡肥对山石上植物的生长有利。若是软质石料，则可以直接将稀薄腐熟的淡水肥施在盆中，让山石慢慢吸上去。若是硬质石料，就必须用小勺慢慢浇灌在植物根部，让其渗入到泥土中才行。施肥宜薄肥勤施，以春、夏生长季节施肥为好。

种植在山石上的植物，通常用生长成形、树势丰茂的为好，如图5-14所示为枝繁叶茂的山水盆景。但由于山石上泥土较少，养分有限，为了整个山石造型的协调及美观，就必须经常修剪。杂木类树种可剪去一些过长、过于茂盛的枝叶，如榔榆、雀梅以及六月雪等。若是松柏类，因其生长缓慢，则可以采取摘芽除梢的办法来控制其生长。若是五针松，则可在每年春季新芽伸展时，用手指摘除芽顶三分之一即可，不必予以修剪。

图5-14　枝繁叶茂的山水盆景

杂木类的植物除了要修剪徒长枝之外，平时还可以摘除一些老叶，让其萌发新叶，使叶形更小，更具欣赏价值。

夏季强光曝晒，石料十分容易损坏脱落。强阳光下也不利于植物的生长，由于缺少土壤和水分，所以经受不住强光的照射。在夏季和初秋，山水盆景宜放在阴处或遮阴棚内。但同时又必须在浇水足够的情况之下，可以每天在地面洒水数次，以保持一定的湿度。

在我国北方地区，由于冬季气温大多会降至零度以下，因此必须把山水盆景移放到室内，不能让盆中山石和水都结成冰。南方地区冬季气温通常都在零度以上，盆中山石和水就不会结冰，因此可以放在室外避风处越冬。

5.5.3　树木修剪

俗话讲："三分做七分养。"一盆完美的山水盆景，完成造型只是暂时阶段，还得集中精力对树木进行修剪来控制形态，控制高度，维护好树姿、树势，增强抗性，延缓生命，提高观赏性。总之，修剪是为了提高山石中树桩的艺术效果，与山水融为一体。只有通过精心合理的修剪，才可保持高雅格调，调节长势，弥补造型的不足，提高开花率、坐果率、展叶率等。每次修剪前都要认真分析树石关系、如何修剪、达到什么目的，并能预见效果，明确后大胆落剪。

不同品种树木有其最佳修剪期，因此要了解树木习性，有的一年中要进行多次修剪（包括剥芽、摘叶）。要及时修剪，一般情况下发现不尽如人意处马上修剪调整，始终如一地保证树木外形的完美与山石的协调。修剪时除了构图上的某种需要外，一般应该做到剪口平滑、不留残桩，必要时可刀削、凿刻，求得完美的效果。盆内树木修剪可说是一个漫长过程，绝不是靠一时半刻能"定局不变"的，每次修剪只代表这个阶段的完成，到了下一次需要进行修剪时，不能偷懒。即使山石上多年的老桩，一旦停止修剪，全局也将是杂乱无章。

思考题

1. 山水盆景创作中常用皴法有哪些？
2. 山水盆景养护有哪些管理要点？
3. 概括山水盆景创作的主要程序。

6 树石盆景

树石盆景是以树、石为主要素材，借以表现自然、反应社会生活和表达作者思想感情的活的艺术品。

6.1 树石盆景创作原则 <<<

树石盆景造型效果往往具有绘画般的意境，是以富有诗情画意取胜的。所以在创作树石盆景时，既不可照搬自然，也要反对人工匠气，更要注重形神兼备，此外，还要达到具有诗歌般的深远意境，除有优美的自然景色外，还应能使人在观赏之后产生无尽的联想。

一件制作精美、立意高雅的盆景作品，就是一首无声的诗、一幅立体的画。要使作品达到这种境界，产生这种艺术魅力，在创作时就必须遵循一定的艺术创作原则，比如师法自然、虚实相生、顾盼呼应、刚柔相济等；同时，还要灵活运用艺术辩证法，处理好景物造型的多种矛盾，例如主与次、虚与实、疏与密、聚与散、大与小、高与低、正与斜、粗与细、刚与柔、露与藏、轻与重、巧与拙、动与静、起与伏、险与稳、开与合、呼与应、平与奇等。

树石盆景用树木与山石为主要材料在盆中造景，它把树木盆景与山水盆景两者自然融合在一起，使之表现的内容更丰富，更接近自然，更具有真实感。树石盆景利用扩展人们视觉效果上的张力，来获得全新的审美享受。

树石盆景与树木盆景不同，树木盆景只能单一地展现树木之景，对树和树外之景，则要靠丰富的联想；树石盆景也与山水盆景不同，山水盆景将山川秀峰尽收眼底，显得过于具体、实在，树石盆景则充分利用较大的浅口大理石盆，巧妙地将山石和树木结合在一起，高低参差，疏密聚散，俯仰呼应，刚柔相济，创造出一种更亲切、更自然、更能为人们所接受的艺术作品，树是有生命之物，有树则灵；石为冥顽之物，有石则寿；树为柔，石为刚，树轻石重；树为阳，石为阴，树巧石拙。二者相得益彰，互为应用，使作品平生出许多韵味，更具有艺术生命力与感染力。自然界里的景物是相互联系、不可分割的整体。在中国传统画论中把石比作骨骼、林木比作衣服、水比作血脉，此外还有"山因水活""树使石生"之说，这些都说明了自然景物的相互依存关系，使树石结合造景有了扎实的基础条件。

树石盆景既是栽培技术与造型艺术的结合，也是自然美与艺术美的结合，树石盆景源于自然却高于自然，它同中国的许多传统艺术如诗、画、园林造景等都有着密切联系。盆景艺术理论在诸多方面吸收借鉴了我国传统山水画论的精髓，二者在发展过程中互相借鉴、互相渗透、互取所长，十分注重画面的优美动人和意境的深远新奇。

树石盆景是结合了树木盆景与山水盆景的各自特点而产生的新的盆景分类形式。树石盆景的表现内容丰富多样，有"近景""中景""远景"之分：其中近景以树为主，石为辅，近石为岸，远石为山；中景则树石并重，相互依存，相互交错，反复变化；而远景则以石为主，树为辅，近石为山，远石为峦，树作陪衬，但具体到某一件作品中，是以树为主还是以山石为主，或者是树与石并重，则要按照其表现的主题与题材而定。通常来说，树石盆景多以树木为主景，也有以山石为主景的，树石盆景的布局，总体都围绕着树木与山石、水面与旱地的变化来作安排，借助对树木、山石、水面、地形以及配件等材料不同的处理，达到变化多样、丰富多姿的效果。所以，树石盆景可综合运用布局中的主次、疏密、虚实、刚柔、动静、轻重、呼应、露藏、粗细等一系列艺术辩证法，创作出优美的画境及深远的意境。

一件树石盆景是由树木、山石、水面、土坡以及配件等在一起组成的，它是一个完整的、有机的整体。在这个整体的诸多景观中，只能突出一个主体，即只能有一个主体，围绕着这个主体景观的其余部分均是客体，即次要部分，客体都要服从于这个主体。盆景造型的主体就是整个布局的焦点，必须要突出重点，否则作品没有生气，显得平淡无奇，也就没有其艺术感染力。

一件作品的成功与否，主次关系的处理显得十分重要，应着力加工，重点突出主体景物，让所有的次要景物都起到烘托陪衬作用，使主体更加突出。总之，在盆景作品中主体景物应是最醒目的，并要有典型的细节刻画，宾体部分要同主体景物既相对比又相呼应，既有变化又有统一，要使观赏者的视线很自然地投向主体景物上去，然后再慢慢地转向宾体部分，也就是次要景物上去，形成景物的视觉中心。因此在树石盆景的布局中，只有处理好景物之间的主次关系，形成既丰富多样又和谐统一的局面，才能获得完美的艺术效果。

树石盆景的造型布局，也要遵循疏密有致的艺术原则。若景物安排密而不疏，则就会使人感到窒息；反之，若疏而不密，则又显得松弛无力。在树石盆景的创作中，作者可以借助疏密的处理手法，使作品具有音乐般的节奏变化。如可将树木有聚有散地布置在盆中，虽然只是几棵树，但也可以让观者感觉到一片丛林；或可以将几块石头安置在盆中，有高有低，有大有小，有连有散，错落分开，使人感受到自然野山的趣味。处理疏密关系，必须要做到"有疏有密，疏密相间；疏可走马，密不透风"。在造型和布局时，无论是树木的间距，树叶的取舍，或者是山石的大小、位置及水岸线的变化等，都要做到有的地方要疏，有的地方要密，疏处中要有密，密处中要有疏。

在盆景布局中，通常可以将虚与实理解为虚空和实在，或无和有。比如树石盆景中的景物既有树木、山石，又有水面、土坡，相对于水面来说，树木、山石以及土坡为实，水面为虚，但其中相对于石头树木又为虚，相对于山石土坡也为虚。如仅就树木而言，其虚实关系主要体现在主干与树叶、枝干与空间以及树木与盆土等方面，主干为实，枝叶为虚，但相对于空间枝叶又为实；在整体结构上，枝叶稠密处为实，枝叶稀疏处为虚。因此说，盆景作品中的虚实关系比较复杂。可以通过布局的处理，使之虚中有实，实中有虚，虚实相生，以体现作品特有的艺术魅力。在盆景作品中，虚总是依托实而存在的。离开实，虚就无从存在；而实又离不开虚的补充，没有了虚，实就没有想象的余地。因此，虚与实是一对既对立又统一的矛盾。所以树石盆景的创作必须做到有虚有实，虚实相生。

美学法则认为"阳刚与阴柔是对立的统一，两者相辅相成，必须调剂互用，刚柔相济。偏于阳刚可用阴柔来调剂，才利于创造阳刚之美；偏于阴柔则用阳刚来调剂，才利于创造阴柔之美，完全缺少某方，都不可能创造出美的作品"。所以，在创作盆景作品时，要注重刚柔相济，既不可一味求刚而忽略阴柔对比，也不可一味求柔而缺少阳刚之气。在材料的选用上，树石盆景更能巧妙展现这种刚柔互济的相互关系。树木与石头刚柔互济，石头与水更是天生的一刚一柔。树石盆景作品应借助石头与树木、石头与水面的结合，在主体景观上达到刚柔相济。而树木本身则可以利用枝干的直与曲、硬角与弧角、粗枝干与细枝干等变化，使之有机结合在一起，以达到刚柔相济的艺术效果。

在树石盆景的布局中，要使各种景物成为有机的整体，顾盼呼应是十分重要的创作手法。在树石盆景中所展示的所有景物，都不是孤立存在的，其各种景物之间都具有内在的联系，即各个部位的内在联系都是利用相互顾盼、相互呼应来实现的。如树石盆景中的景物通常都有其主要的朝向、倾斜等，比如山石倾斜的方向是前倾还是后仰、是向左还是向右，树木主干的弯曲、倾斜、朝向，主要枝干的伸展方向等。这些变化通常都较明显，很容易看出来，但有时也很隐秘，需要欣赏者仔细去观察审视，才能发觉个中奥秘。因此，在盆景造型时，树与树、山与山、树与山、主要景物与次要景物之间，一定要互相照应，顾盼有情。

画论有云："景愈藏则境界愈大，景愈露则境界愈小。"又有云："善露者不如善藏者。"树石盆景在布局时，要做到有露有藏、露中有藏，使欣赏者在欣赏时有景中生情、景外有景的感受，并因之而产生丰富的遐想，从而利于创造盆景作品的深远意境，使盆景作品获得成功，露中有藏的表现手法可用山石、树木以及配件等来体现。树石盆景中选用多棵树木丛植时更宜采用露中有藏的表现手法。要想使盆景表现丛林的幽深莫测，最忌一目了然，将树木等距排列。可以选择大小、粗细、高矮不等的树木，在布局时注意前后、错落穿插，相互遮挡掩映，使树与树有露有藏，时隐时现。若是单棵的树木，则可以在干、枝、叶之间作穿插变化，在主干前应有前遮枝，在主干后要有后托枝，枝与枝、片与片之间在上下、左右要有错落、重叠以及交互联系，利用这种露中有藏的处理，作品同样会取得令人满意的效果。

"均衡"是形式美法则之一，在造型艺术中指同一艺术作品画面的不同因素和不同部分之间既对立又统一的空间关系。在盆景中所采用的不对称的均衡，又叫做"重力均衡"。在盆景布局中，主景通常不宜在盆的正中，而应稍偏向一侧，次景则偏向另一侧。若盆中的景物集中在一侧，则显得较重且集中，而另一侧景物就必须较轻而分散。若树木一边枝叶短密，另一边则宜枝长而疏。如树冠上部较重，根部显细则宜放置石块以求均衡。若左边的树木既大又粗，显得分量很重，则右边的树木就宜细小，使之感觉分量较轻。布局的虚空位置，也常常需要放置一些点石等配件，以达到整体景观轻重相衡。

盆景艺术是在不对称的组合变化中求平衡的，所以在布局中的均衡会涉及许多方面，如主与次、虚与实、疏与密、高与低、大与小、远与近、粗与细、动与静，以及色彩与透视的关系等。处理好上述关系同达到轻重相衡不矛盾。

6.2　树石盆景的创作

6.2.1　构思立意

中华民族的艺术观在哲学上强调人与自然的和谐，在美学上追求天人合一的意境，不论是中国的绘画，还是雕塑等艺术，均以"意与象浑"的独特艺术效果，占据世界艺术之林的重要位置。中国的盆景艺术亦然。如今，随着盆景这门艺术的蓬勃发展，其艺术水准与艺术价值也在逐渐提升，它的种类与形式也相应增多。树石盆景可以说是表达"立意"的重要途径。树石盆景以其真实地、集中地、典型地映写自然山水之美为特点，山石、树木以及流水尽在其中。"虽由人作，宛自天开"。然而，作为一种艺术，它的写真不是机械地照搬自然，而必须是经过作者再创造，呈现出作者主观情思和理想的真实。盆中的一山一水，一石一木都要使"望者息心，览者动色"。这使得欣赏者"息心""动色"的不仅仅是树石的外在形式，更主要的是要通过这些盆中的景色表达出创作者的审美情趣与意境。为了更好地暗示出这种意境的本质，作者除了具体地造型之外，还必须吸取诗词等文学艺术的表现形式作辅助，如题名、背景题字以及山石上的雕刻等。总之，盆景创作，应将意境放在首位。

树石盆景在具体的创作构思上，常常将所立之意境，先以简练的笔墨，以诗的形式做一概括，然后再仔细推敲每一个具体的布置，使之最符合诗意，仿佛揣摩诗意作画一般。这就要求作者"胸有丘壑"，做到心中有数，这是前提。在具体创作方法上，由于盆景素材的某些特殊性及局限性，有的是因材施艺，因景命题，这可以说是初级创作阶段；而从初级阶段上升到高级创作阶段其关键就在于立意为先，依意布景。当然更需要自觉地"因其自然，辅以雅趣"，巧于因借，借自然之神，传作者之意。在树石盆景创作构思上着重要求以创意为先，只有先立意才能够创造出美的意境来，意象是产生意境的先决条件。立意就是在创作之前通过构思，将盆景所要表达的中心主题确立起来，即构思布局的大略设计，预先考虑成熟。先立意是创作第一阶段。第二阶段则是依题选材，有了主题就能"胸有成竹"地动手选材，选什么材，能突出主题是最为关键的。根据意来布景，形随意定，使景随景而出，方能传神达意。如丛林树石盆景《我们走在大路上》创作就是立意为先。其主题就是歌颂祖国建设，体现中华儿女在党和政府的富民政策指引下走建设祖国的康庄大道。按照题意选用高大成林的同一树种，远近有序地伸向公路，反映出祖国绿化建设已给大地披上绿装。若选材只用曲斜各异、低矮不同的树木，则就无法表现主题。这些都说明了立意为先，依题选材，按意布景的重要性。

一切艺术创作的源泉就是自然与生活，树石盆景创作力求源于自然、高于自然，创造美的境界，突出主题。那么美的境界又从哪里来？从自然生活中去吸收、去创造。那么作者一定要深入生活，体察生活，尤其细心观察树附于石，石又依于树的互相依存的自然真实景观。另外，还要探索大千世界的奇景异物变化万千的景象，将大自然的景观以美学法则作为指导高度概括提炼，去粗取精，通过艺术加工，使自然美同艺术美进行交融，从而反映社会生活和表达作者的思想感情。

6.2.2　精选素材

树石盆景用树不宜选叶片大的树木，由于在创作某种形式上往往是一石为一山，叶片细小才能与山石比例相协调，达到最佳效果。通常常用小叶树种如赤楠、柘木、水蜡、对节白蜡、水杨梅、小叶槐、六月雪、黄杨、小叶女贞、柽柳、雀梅、羽毛枫、三角枫、红枫、火棘、六道木、五针松、九里香、福建茶等。还必须将树木事先在瓦盆中认真培养造型，其素材选择以壮美为佳。不求枯古腐朽，但求健康苍劲。树体的骨架各部位之间均要协调，收尖自然，还要有向四方伸展简洁、健壮的根。枝干的造型，要求枝条长短粗细处理均要符合树木的自然规律，力求向势有长枝或俯枝以利于"强化动势"。还应打破正三角形构图，吸取

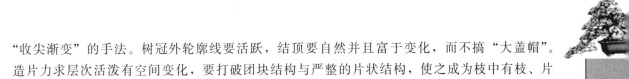

"收尖渐变"的手法。树冠外轮廓线要活跃，结顶要自然并且富于变化，而不搞"大盖帽"。造片力求层次活泼有空间变化，要打破团块结构与严整的片状结构，使之成为枝中有枝、片中有片的大树型姿态，树叶还以茂密细小为佳。

在树石盆景中，石是树木不可分开的伴侣，它们是相互依存的，石能够充分反映山形地貌特征。选择石料，应考虑形态、质地、纹理以及色彩与树木是否协调。以能创作出特定的主题意境为佳。其中有：

① 软石。这种石吸水性能好，易生青苔。栽种植物生长较好，方便锯截及雕刻加工，可塑性较强，选材不受外形局限；可按照作者的意图随意雕琢造型，细心刻画，硬石无法表达的一些形式内容、皴法技巧、造型方法在软石中都可以表现出来。也就是所谓"软石在雕"。

② 硬石。石色多样。石种种类繁多。古朴自然，质地坚硬，神态奇特，脉络清晰，纹理细腻。有些中度质地的硬石能长青苔，树石并用和谐自然。

树石盆景的布石要有山水盆景造型的基本功，即要懂得自然界山石的地貌特征、表现手法以及加工技艺。要求石质相同，石色相近，脉理相通，石纹相似，加工自然，坡脚完整等。

6.2.3 材料加工

当已选定所需要的树材与石材时，就可以进行创作前的材料加工了。材料加工就是使选出来的材料符合创作需要和要求，然后才能进入布局加工程序。若所选材料不进行事先的预加工，而是直接进行布局组合，肯定会出现许多问题，并会感到布局加工很难进行下去，这样往往费时费力，甚至影响整个作品制作的进程。

（1）树木加工

制作树石盆景的树木，通常以幼树培育为好，也可以从山野采挖。无论是什么树木，都必须经过养护、加工以及造型，使之初步成型以后方可选用。

树木加工以修剪为主，蟠扎为辅，粗扎细剪（松柏则较多采用蟠扎）。树石盆景树木加工的修剪、蟠扎基本与树木盆景的加工方法相同。

蟠扎可分为棕丝扎法与金属丝扎法两种。现在在树木盆景造型中多数采用金属丝蟠扎的方法，棕丝扎法已很少采用，如五针松等松柏类的造型，加工细枝时也都采用金属丝蟠扎，就只是在弯曲其粗枝时用一下棕丝。金属丝蟠扎的最大优点在于其能比较自由地调整树木枝干的方向与曲直，经过金属丝蟠扎后的枝条线条流畅、自如屈伸，比较自然。

蟠扎时通常采用铝丝、铜丝或铁丝，可按照需要蟠扎的树木枝条粗度和硬度来选用粗细合适的金属丝。若选用过粗的铁丝，则必须先用电工胶布包裹，以免损伤树干枝条。对于树皮较薄、容易损伤的树种，可以将枝干用麻皮或胶布包卷，然后再缠绕金属丝。

蟠扎顺序为先主干，再主枝，最后是分枝；缠绕的方向多按顺时针方向。缠绕时注意将金属丝贴紧枝干，并保持大约45°，边扭旋边弯曲；用力宜柔软，不可猛用力，要慢慢用力，以防折断枝干或损伤树皮。蟠扎后需注意及时松绑，防止金属丝过分嵌入枝干内造成不美观。

修剪主要用以培育自然有劲的枝条，在树木的第一节枝长到所需要的粗度时，进行强度剪裁，使之生出侧枝，也就是第二节枝，通常保留两根，再进行培养。待第二节枝蓄养到所需要的粗度时，又加剪裁，以下第三节、第四节枝，都要进行如此剪裁。每一节上留两个左右的小枝，一长一短，经多年修剪之后，枝干就会比例匀称，曲折有力。

在进行树石盆景造景时，还要按照总体布局的需要，对树木作进一步的修剪，除去多余的部分，以达到树形符合树石盆景造景的需要。在修剪时，应剪去平行枝、对生枝、交叉枝、重叠枝、轮生枝等影响美观的枝条。可根据需要，将之剪除、剪短或者通过蟠扎将其进行调整。总之，要保留精华部分，去除繁杂、多余部分，以使树形美观，枝干遒劲自然，结构趋于合理。

在多棵树木合栽时，若每棵树木都很完整，但配在一起却不一定和谐，这时则可将两棵树木相靠拢一侧的大枝加以剪除，以达到整体协调的效果。总而言之，配置效果要以全局为重。

一般来说，养护数年初步成形的树木，其根系都很茂盛，而树石盆景中栽种树木的地方常常很小，形状也不一定规则，因此在栽种树木之时，还要对树木根部进行一些整理。可先用竹签剔除部分旧土，再剪短过长的根，以便顺利栽种。而剔土与剪根的多少，应根据盆中旱地部分的形状及大小来定，这样可以尽量少剔土与剪根，以利树木栽于盆中后尽快地服盆成活。

（2）山石加工

石料在加工之前，可把挑选出来的石材逐一进行审视，反复观看，并按照总体布局需要考虑加工切割。切除多余没有用的部分，保留需要的精华部分。

对于用作坡岸的石头，都要将底部切割平整，使其能与盆面接合平整、自然。若石头直接放置在盆中泥土上且其底部只是稍不平整，则可以将切割这道工序省略。

除了底部的切割平整之外，石料加工还要有雕琢、打磨、拼接等其他方法。

树石盆景中的石料大多是用作坡岸和水中点石，或是用作远山陪衬。通常来说，用在旱地部分作点石的石料可以不作底部切割加工，但若石料体量过大，则要切除不需要的部分。可把石料切割成两块甚至多块，也可把过大的石料仅切取需要的一小部分，来挑选其中的某块来使用。

树石盆景中多选用硬质石料，所以不必雕琢加工。但有时为了作品需要，可采用打磨的方法，使山石外部存有的残缺或棱角部分圆浑、自然，减少山石的人工痕迹。打磨既可以用金刚砂轮片或水砂纸，也可以用电动打磨机和电动抛光机。

树石盆景中的坡石和点石通常都用一块或多块石料拼接成一个整体，因此山石加工时经常用到拼接法。拼接时宜大小石料搭配，一大一小，或几块在一起大小参差，以求得到理想的形状及合适的体量。拼接时要注意相连接的石料应有整体感，这就要求所选石料的色泽要一致，石料的皴纹也要接近，以使石料连接后气势连贯、浑然一体。

6.2.4 组合布局

当树木和石料加工完毕后，就可以在盆中进行组合布局了。布局时应把树木与石头在盆中作比试、调整，遇到不合适的材料就要更换或者重新加工，直到把每棵树、每块石料都安排在合适的位置，使总体效果达到预期设想为止。

布局过程应是先树木、后山石。树木大多是作为主要景物出现的，山石是起陪衬作用的。当然，有时某一件作品中也会以山石为主要景物，而树木则作陪衬，此时就可以先安排山石布局。

有时树、石的放置也可以相互穿插进行。通常是先将树木放进盆中预想的位置，参照丛林式的布局，注意树木之间的高低、前后、疏密、穿插、呼应、透视等关系及树木的朝向。安置好树木之后，就可配置石料：可先用石料作坡岸，来分开水面和旱地，然后做旱地点石，最后再做水面点石。

水旱类树石盆景中石料的布局主要就是坡岸水岸线的安排，可依照山水盆景中的坡岸点石处理。所不同的是山水盆景中的坡岸是以山体为主景作填衬的，而树石盆景中的坡岸则是以树木为主景，与土相连构成水景。

坡岸山石要有高低变化，远处、中间、近处不可成阶梯状，要有起伏变化。与水面接触的石料可作成斜坡状，特别是最前面亲水的几块石料，也可以成陡坡直接接触水面。

另外，石料还要有大块、小块的搭配，不可以将大小厚薄都差不多的石头用在一起，否则，就很难组成自然生动的坡岸。

布局时，还要在水面和旱地上安排点石，以形成点与坡岸、水面与旱地之间的有机联系。由于点石对于树石盆景的整体造型以及作品的成功十分重要，所以千万不要忽略了水面中点石与旱地中点石的功能作用，水面上的点石可以与作坡岸的山石相呼应，形成山转水活的动态效应；旱地中的点石可以对树木起到呼应和衬托的作用，对地形地貌的变化尤显重要。应做到土中有石、刚柔相济、聚散得当、结合自然，方能衬托出树木景致的优美如画。

全旱类树石盆景在树木布局成功之后，就可以直接在盆中土面上安排石块。此时，应注意石块的大小、聚散以及高低之分，并要注意石块与树木的合理匹配。有时树木材料的根部或其他枝条、主干有缺陷，可借助石料来掩盖和弥补。

最后再进行配件的选放。要注意配件安放位置的合理性和丈山、尺树、寸马、分人的比例关系，以及近大远小的透视原则。

必须要认真对待布局过程，布局往往要经过多次调整。在布局过程中，树木和山石材料可能还会根据需要进行多次加工，才能符合理想的效果。

6.2.5　胶合石料

胶合石料是为了将树石盆景中的水面与旱地分开，使盆面中的水不进入旱地盛土部分影响树木生长，或使旱地部分的泥土不能进入到水中而致使水面污染，弄脏盆面。

胶合石料之前，为使石料拼接处更加吻合，首先要将石料表面清洗干净，然后把石料胶合在盆中原先定好的位置上，将每块石料的底部用水泥抹满，并要注意石块与盆面的紧密接合和块之间的接合，防止出现漏水现象。可以将石料作旱地的一面多抹些水泥，并作检查，若发现漏水，则及时补上水泥；也可在水泥干后，在盆中的另一边放水，观察有无漏水现象。保持石料外面和盆面的清洁，若水泥漏在石头外面，要及时用小毛笔或小刷子蘸水刷净漏出的水泥。

胶合之前，可将主要景物的位置用铅笔在盆上作记号，特别要注意水岸线的位置应作准确的标记，对某些石块还可以编上号码，以免胶合时搞错；或者是在将石块从盆中拿下来的时候，按照其原先在盆中的位置，左边、右边、中间各自分开摆放，这样，在胶合时就不致由于搞错石块而破坏原设计效果，或者无法顺利进行胶合。

如选用软石类石料作坡岸，则必须在近土的一面抹满厚厚的一层水泥，以有效避免水的渗漏。胶合时宜选用高标号水泥，用水调和均匀，即调即用。为了增加胶合强度，通常都要加入一种增加水泥强度的掺合剂 801 胶水，也可以选用"水不漏"快干水泥。

在调拌水泥时可以加入不同的水溶性颜料，以使水泥的颜色接近于石头。

6.2.6　栽种树木

栽种之前，先将树木的根系适当作些整理。按照盆中土面部分大小，剪去一些过多过长的根系，特别是向下生长的长根，应将其剪短，除去些旧土。整理完后，再按照原先布局的位置栽种，并使其中的每棵树都栽在恰当的位置上。

由于树石盆景中的树木通常都栽在极浅的大理石盆中，树木四周用土不多，这就有可能使栽下的树木产生不稳的现象，或出现树木歪倒倾斜的情况，偏离创作设计要求。为防止出现这种现象，可以用强力胶水把数根金属丝胶合在盆面上，以这些金属丝进行收紧、固定树木的根部，使树木稳稳种植在盆中，不致摇动。并且，为使美观，在用泥土覆盖树木根部时可以将金属丝掩盖，不使其露出。

栽种树木之前，可先在盆面上铺一层较浅较薄的土，若盆钵上有排水孔，则还需在排水孔上垫一块塑料纱网，以防止漏掉盆土。

树木栽种位置确定之后，就可以将事先筛好的中粒土与细粒土填进盆中树木根部的间隙。用细竹签将土与根部揿实，但要注意不可把土压得太紧，只要无过大的空隙即可，以便于透气，有利植物生长。

树木全部栽植好之后，要进行一番观察，看看是否整体协调，是否符合原先设计布局的要求，如觉得不合适或不满意，还可以作一定改动。在确定都无大问题后，才可将旱地部分用土全部填满。最后在土表面用喷雾器喷水，应注意不必过于喷透，以固定表层土面。

石上式树石盆景栽种树木的工作是在石上进行的，先要将需要栽种树木的石料进行开洞处理。若是软石类石料，则比较容易开凿石洞，可用凿子雕琢，洞口宜小，洞里宜大，并要留下出水口，以利树木生长。若是硬石类，不易开凿洞口，就必须先挑选好具有天然洞穴的山石。若硬石类石料没有天然洞穴，则在布局中用石料拼接时应特意留出一定的空隙与"山洞"，才可以将树木栽上。

6.2.7　后续处理

在经过材料加工、布局、胶合石料以及栽种树木等一系列工序后，一件树石盆景作品大体上基本完成，此时，仍有一些后续工作有待完成。主要包括盆面地形处理、配件安放、铺种苔藓以及清洁整理等。至此，整件作品方告完成。

（1）地形处理

树石盆景中的土面部分一般都会占整个盆面的二分之一多，若不进行地形地貌处理，土面或是平板一块，或呈半拱圆形，则效果不佳。树石盆景盆面地形应起伏变化为好，这样方符合自然界地貌要求。全旱类树石盆景中由于盆面全部为盆土和山石，因此地形处理显得更为重要。

树石盆景的盆面通常都有大小山石配置，也叫"点石"。在处理盆面地形时，可结合点石的安置一起进行，土面起伏上下若没有点石安置其中，就缺少了刚与柔的变化。若土中有了点石，则盆面地形就有了生机，有了变化，效果也就大不一样了。因此树石盆景中盆面点石安置是地形处理时必不可少的一步，必须加以重视。

必须使盆面上的石料与土层紧密接合在一起，放置石料时应用力将其揿实，周边要用细土围上，使石料有生根稳固感，不可以将石料"悬浮"在土面上。

如有大块山石或主要山石，往往可以在没有盛土之前就在盆中将其安置好。为了不使山石移动，还要将其与盆面作胶合固定。最后再盛土于盆中，并结合小的点石进行盆面地形处理。

（2）配件点缀

配件可以丰富作品内容，增添作品生活气息，在树石盆景作品中起着不可或缺的作用。配件可以用来点明主题，可以令欣赏者借助它来发挥想象的余地，使作品产生意境。

宜将配件固定在石坡或旱地部分的点石上，也可以在旱地需要放置配件的地方埋进石块，用以固定配件。配件若是舟楫、拱桥，则可直接将其固定在盆面上；若是石板桥，则可将其搭在两边的坡石上；若是下棋、读书、吹箫等多种形态人物，则以放在树荫下为好；若是渔翁垂钓，则可将其放在临水的平坡上。

除了一些通常所用的配件之外，作者还可以自己动手，或者选择一些现代生活气息较浓的、符合现代生活的配件，来创作出具有现代气息的树石盆景作品。

制作时，通常都将配件用胶水固定在石料或盆面上，但有时为了避免损坏，也可不作固定胶合，只是在展出时或供欣赏时才临时将其摆放到盆面上。

（3）修改整理

待作品基本完成之后，创作者应对作品进行最后审视，找出作品中所存在的不足，以作修改。

首先要观看作品的整体效果。一般来说，在通过对盆景作仔细审视观察之后，总能发现一些疏漏之处，要及时予以修改。然后再对树木作一次细致的修剪，或对树木的枝叶进行一些细小的调整，直至感到满意为止。

审视修改工作结束，就可将盆中树木、石头、盆面全部清洗干净，将盆土上的杂叶废物拣清，用喷雾器给盆面全面喷水，然后再进行最后一道工序——给盆土表面铺种苔藓。

（4）铺种苔藓

给树石盆景表土铺以苔藓可保持水土、丰富色彩。有了苔藓的铺垫，使盆中的土与树联成一体，增加自然的生活气息。除此之外，苔藓还可以作为灌木丛和草地来表现。

苔藓的种类比较多，在铺设苔藓时，最好以一种为主，适当再少配一些其他种类，以使盆面上展现的草地、灌木景象更加自然逼真，达到既统一又有变化的效果。

为使苔藓容易与土紧密接合在一起，在铺种之前，先要在裸露的土面上喷些水，使盆土湿润；然后将苔藓撕成小块，细心将其铺上，用手轻轻揿上几下，让苔藓同土接合。要注意铺时苔藓与苔藓不可重叠，也不可铺到盆边沿上。另外，不宜使苔藓与树木根部接合处全部铺满，应呈交错状；苔藓与石头接合处不宜呈直线，也应呈交错状。全部苔藓铺种完毕后，用喷雾器再喷一次水，让苔藓吸上水即可，不宜喷多。

6.3 树石盆景的创作技巧

6.3.1 水旱类树石盆景的创造技巧

水旱盆景的制作程序，主要包括总体构思、加工树材和石料、整体布局、胶合石头、栽种树木、处理地形、安置摆件、铺种苔藓等。

（1）总体构思

在动手制作水旱盆景之前，应对作品所表现的主题、题材，以及如何布局和表现手法等，先有一个总体的构思，也就是中国画论中所说的"立意"。构思时，要根据选好的素材，包括树木、石头、盆和摆件等认真审视，寻找感觉，进行盆景的初步构思，并确定盆型。在有了初步的方案以后，再开始加工素材。在加工创作的过程中，还可以对方案进行调整。

（2）树木和石材的加工

树木和石材的加工见树桩盆景和山石盆景。

（3）试作布局

水旱盆景的造型，常见的有水畔式、岛屿式、溪涧式、江湖式、综合式等式样。

在树木和石材加工完毕后，可将全部材料，包括树木、石头、摆件及盆等，都放在一起，反复地审视，然后将材料试放进盆中，看看各部分的位置和比例关系，有时也可以画一张草图，这就是试作布局。试作布局时，要先放主树，然后放配树，再放石头、摆件等。布局必须十分认真，常常要经过反复调整，对其中的某些材料，可能要作一些加工，以至更换，才能达到理想的效果。

（4）树木的布局

按照总体构思，在盆中先确定树木的位置。在布置树木时，也须考虑到山石与水面的位置。树木位置大体确定时，可先放进一些土，然后再放置石头，树石的放置也可穿插进行。一两株树的布局相对比较简单，一般放置于盆的一侧即可。两株树多靠在一起，一主一次，一高一低，一直一斜。既统一又变化。

多株树的布局，则复杂得多。但无论有多少树，均以奇数为好。如为三株，这三株树就是主树、副树和衬树。主树必须最高、最粗，副树相对于主树较矮、较瘦，衬树则最矮，也最瘦。三株树的定位要根据布局确定，但三株树的栽植点连接后必须是不等边三角形，同时整体树冠也应呈不等边三角形。至于更多株树木的合栽，可以三株树为基础，逐步增加。如以五株合栽，可分别在主树和副树的附近各加一株；以七株合栽，可在五株的基础上，分别在主树和衬树附近各加一株。其余则照此类推。但要注意三株以上的树尽量不要栽在一条直线上，特别是不可与盆边（指方盆）平行而立；栽植点之间的距离不可相等，要疏密有致，呈现出一种节奏和韵律；整体树冠最好呈波浪起伏。

（5）石头的布局和黏合

配置石头时，先作坡岸，以分开水面与旱地，岸线的处理十分重要，既要曲折多变，又不宜从正面见到的太长。岸线的石头须注意透视，即近处较高，远处较低，但也须有高低起伏以及大块面与小块面的搭配，才能显出自然与生动。旱地点石对地形处理起到重要作用，有时还可以弥补某些树木的根部缺陷，要做到与坡岸相呼应，与树木相衬托，与土面结合自然；水面点石可使得水面增加变化，要注意大小相间，聚散得当。

在布局确定以后，即可胶合石头，用水泥将作坡岸的石块及水中的点石固定在盆中。水泥需现调现用，在用量较大时，不妨分几次调和。为增加胶合强度，调拌水泥可酌情掺进增加强度的掺合剂。为使水泥与石头色调谐调，可在水泥中放进水溶性颜料，将水泥的颜色调配成与石头接近。石头须黏结紧密，做到既不漏水，又无多余的水泥外露。防水须做好，以免影响树木的成活。

（6）树木、花草的栽植

在完成石头胶合，水泥干了后，加入营养土，将树木认真地栽种在盆中。栽种树木时，先将树木的根部再仔细地整理一次，使之适合栽种的位置，并使每株树之间的距离符合布局要求。注意保持树木原先定好的位置与高度。如果高度不够，可在根的下面多垫一些土，反之则再剪短向下的根。位置定准后，即将土填入空隙处，一边填土，一边用手或竹扦将土与根贴实，直至将根埋进土中，树木栽种完毕，可用喷雾器浇透水。

（7）地形处理

地形是水旱盆景的重要组成部分，直接影响水旱盆景的美观。在石头胶合完毕、树木栽完，便可在旱地部分继续填土，使坡岸石与土面浑然一体，并通过堆土和点石作出有起有伏的地形。点石应半埋于土中，做到"有根"。

（8）安放摆件和铺种苔藓

摆件的安放要合乎情理。安放舟楫和拱桥一类的摆件，可直接固定在盆面上；安放亭、台、房屋、人物、动物类摆件，宜固定在石坡或旱地部分的点石上；对于舟、亭、台、房屋、人物、动物类摆件，可不与盆面胶合，仅在供观赏时放在盆面上。

苔藓是水旱盆景中不可缺少的一个部分，它可以保持水土、丰富色彩，将树、石、土三者连接为一体，还可以表现草地或灌木丛。铺种苔藓时，先用喷雾器将土面喷湿，再将苔藓撕成小块，细心地铺上去。苔藓与石头结合处宜呈交错状，而不宜呈直线。全部铺种完毕后，可用喷雾器再次喷水，同时用专用工具或手轻轻地揿几下，使苔藓与土面结合紧密，与盆边结合干净利落。在铺种苔藓时，还可以栽种一些小花小草，以增添自然气息。

最后检查总体效果，如发现疏漏之处则作一些弥补；再对树木做一次全面、细致的修剪和调整，尽可能处理好树与树、树与石之间的关系。最后将树木枝干、石头及盆，全部洗刷干净，并全面喷一次雾水。待水泥全部干透，再将旱地部分喷透水，并可将盆中的水面部分贮满水。这样一件水旱盆景作品便初步完成。

经过1～2年养护管理，作品会更加完善和自然。

6.3.2　附石盆景的创造技巧

以植物、山石、土为素材，分别应用创作树木盆景、山水盆景的手法，按立意组合成景，在浅盆中典型地再现大自然树木、山水兼而有之景观神貌的艺术品。附石式是树桩附着生长于石上，树石景一体的树桩盆景形式。附石盆景能将树桩盆景与山水盆景有机地融合在一起，是顽强生长绝壁悬崖石隙或峰峦岩巅的树木形象的缩影和特写。树身嵌入石壁，绕石洞，树干有依托，奇石有险势，树姿苍翠，根裸露抱石，穿石有形，气势连贯，浑然一体，神态多姿，风韵潇洒，更能体现大自然美的精华景观，有格外的魄力。一盆好的附石盆景能使人一目了然，感觉到贴近自然、触景生情、其乐无穷。

在附石盆景制作过程中，一般应该遵循"培育为主、雕剪结合，尊重植物生长规律的原则"。因石配树，因树选石。要因材制宜，灵活选配，千奇百态，大胆构思，大胆创新。合理配盆，适当点缀。由于附石盆景选用的石头多姿多样，它比树桩盆景更应注重配盆和点缀。

（1）盆钵的选择

一般附石盆景以配浅盆为宜，较能体现视野宽阔"一望千里"，达到得体自然，形成与大自然相似的景观。

① 石料的选择。以太湖石和灵璧石较好，都是质地疏松的软石。石料形态力求"瘦、皱、漏、透"。"瘦"是石料有棱角，宜配置孤峰；"皱"是纹理清晰，皱而不乱，如山峦之皱褶；"漏"是石有孔隙，能通气排水；"透"是石内有孔道相通，像天然山岩洞穴，有清幽之感。岭南附石盆景大多数以英石作石料，色泽青灰，有较深的纹理或洞穴、石隙多，腰部有大小孔眼，石纹顺乎天然，表现丑、怪、奇的形态美。可采用截锯、雕琢及水泥黏合法

加工。

② 树木的选择与造型。树与石比例要协调，统一和谐。石刚树柔、刚柔相济、盘石树根，有粗有细，有露有藏，曲直分明。悬崖树景与绝壁石景，一奇一险，互相映照。在造型上因石而异，树木玲珑屈体石上。形态：一是根部裸露，抱附山石附生，树干挺拔；二是树根扎于岩石缝中，主干斜飘，迎风飞舞；三是树根穿石绝壁之间生长，树干虬曲直探悬崖，气势磅礴。附石树木要选择树根柔软发达，生命力强，粗生易长的，以榆树、福建茶、罗汉松为优，次为六月雪、细叶榕。树姿栽植可直、可斜，多为单干。以春秋两季栽植为好。

树可附于山峰山麓山坳，石上之树可斜可曲可悬，多为远景处理，也有近景表现。石为山意，幽秀雄险，深远平远高远均宜采用。用石可硬可软，硬石观赏效果好，而软石则养护方便。

（2）造型

附石式比较注重比例，丈山尺树寸马分人，山不宜小于树体，树在石上也不能太高。若树石比例失衡则二者均不自然。在附石盆景的制作过程中，要根据石料、树材的不同特点，有选择地确定其造型的风格，要明确主体，突出重点，使树、石有机地组合，相得益彰，给人以奇、险、怪、秀的感觉。

① 树根抱石型。一般通称为"附石"，日本称"石附"。数十年前的"附石"艺术要求较高。山野气味浓厚，令人爱不忍释。树种可选榔榆、福建茶、细叶榕。另外，小型附石盆景的造型形式可分为根附石和干附石两大类。干附石是以树干附石为主的造型方式，以树干和石料的组合变化来表现艺术造型之美。根附石一般采有根抱石、盘石、穿石等形式，并辅以枝叶的变化。

② 树根穿石型。树根扎石顶、穿石洞法可选福建茶、榔榆、细叶榕树、檵木及罗汉松。先在石块刻凿较深的石缝、洞穴、穿石洞，填泥后，把根系直接延伸到石料下的砂泥上。也可涂上泥浆，如石纹较深，可将树木的根沿石下垂，用铝丝或塑料绳，把石料与根连起扎牢。树木、石料、盆土常喷水保温，以利苔藓和树木生长。让长根藏露，石树浑然一体。

（3）具体做法

① 最好石比树大，三到四倍更好。树根抱石型要采用半吸水的浮石、海浮石、玉山石等能吸水或半吸水性质石材。而树根穿石型以湖石、灵璧石、英德石、华安石或龟纹石等造型和纹理优美的石材为好。

② 把选定的3～5条侧根发达的树木，栽种在较深高盆中，用疏松的半泥粗沙壤土培植。要尽量完好地挖出所选树木，特别是其较长的须根，最好能完整地保护，不应有大的损伤。如果是小型树木，要经过一年的培育。根据所选树木的生长习性、生长状况，选取与之相配的石料，确定造型设计方案。

③ 确定主题、布局后按自然纹理，按粗根数量刻凿几道沟槽，使树根抱住山石，或把根部散在洞穴与空隙内，枝托分布均匀，使根以盘、穿、拧等手法，让树木和石料紧密结合在一起，形成一个有机的整体。将扎缚好的抱石树桩放入盆中适当的位置，若山石较高，石底部和盆底水泥胶牢，以免山石倾倒，接着填上稍细的沙土到盆面不能再添后，再用较厚的塑料布从盆面开始加高至桩头为止，土也填至桩头。盆土最好用塘泥和沙，比例为3：2。将土尽量压实，使土与树桩的根部紧密结合，有利于根的生长，需要固定的地方再用铁丝或细绳加以捆绑，待以后牢固成型，再解开。

④ 把已固定好的树石，小心地埋入一个较大的花盆中加以培养。盆土以覆盖全部的树

桩根部为准，要注意把土按实，特别是石缝及石料与花盆的间隙部分。上完盆一次性浇透水，观察盆土，待土稍干再浇水，刚栽的树桩本身蒸发量和需水量不大，将盆用砖垫起，以利去除多余的水，也有利于透气，盆应放在没阳光直射背风阴凉处。还要用青苔遮盖土壤表面，以增加盆景的美感。

⑤ 刚上盆的附石桩景，最好不要施肥，因桩景的根系伤口没完全愈合，肥的浓度不好掌握，搞不好会使树桩烧死而烂根，造成前功尽弃，这样精心的养护树桩成活后，就可以根据树形进行细致的修剪，整形，蟠扎成各种形式的抱石盆景。

⑥ 经过一段时间的养护管理，要及时对附石盆景的树根、枝进行修剪、整形。根据造型的需要，首先把原来用以满足树木生长需要的毛根剪除，并促其生长发育，及时加以定位，以缩短造型的周期。对树枝也要适时进行修剪。根据需要还应拔提根，把附石的造型效果显露出来，提高其观赏价值。

⑦ 要使树根不能落到盆底吸水，这样栽法的结果是树不易长大，只会一年一年老，石头也会慢慢老化，形成类似天然的附石盆景。

⑧ 当树木完全成活，就可以把盆面上加高的塑料布除去，用自来水冲洗掉到石上的泥土，这样粗根就裸露出来，一盆美的附石盆景就初制完成。

6.3.3 抱石式盆景的创作技巧

（1）选盆

抱石式树石盆景一般选用水底盆或盆栽浅盆，色彩淡雅，形状为正方形、长方形、椭圆形或圆形盆钵。盆的质地以紫砂、南泥或凿石盆为好。

（2）选择石料

抱石式盆景必须根据树木形态大小选择体量适当的石块，吸水石或硬质石均可。石料形态力求"瘦、皱、漏、透"。常用的有英石、钟乳石、龟纹石、黄蜡石、砂积石等。

石料加工主要是在石料表面的各个方向刻凿一些沟缝，沟缝必须曲折变化自然，忌直线形。硬质石料以天然沟缝为主，适当加以雕凿。石料底部必须锯平整。山石表面应显得凹凸不平。

（3）选择树种

树木要选择树根柔软发达，耐旱，生命力强，粗生易长的，以榆树、福建茶、罗汉松为优，次为六月雪、细叶榕、宝巾、相思树。此外，五针松、黑松、椰榆、黄杨、桧柏等树种均可。树姿栽法可直、可斜，多为单干。

（4）培养与造型

地上部造型方法与树桩盆景的造型方法相同。

抱石式盆景培养初期地下部要注意培养根系。树木如果是从小培养，则在培养过程中，要以筒盆培养根系纵向生长，待树木枝干和根系都近乎成型时，将树木从盆内或地里挖出（树桩地栽时土壤要求疏松深厚），轻轻刨掉根上的泥土，然后将根理顺。把树木坐于石块上部，使树根能顺着石块表面的沟缝与石块贴紧，有的还可从石洞中穿过。主根走向至少有三个不同方向，以保证树木的稳定性。根与石贴紧后，外面可用苔藓适当包裹，如有松动，还可用细铁丝或草绳等稍加固定，然后一起埋进土里，经过几个月的培养后，树根与石块紧密结合，重新挖出，用水将石块上的土逐渐冲洗掉，露出树根。超出石底部的可以不剪，以栽于盆栽浅盆内或置于水底盆中，有利于植物生长，但根过长就需要适当修剪。

盆栽抱石式盆景可以适当配植一些小型草本植物和青苔等，亦可点缀配件一二，但要根据布局需要；水底盆抱石式盆景一般不配植其他植物，可以根据构思和表现意境的需要点缀一些小配件。

6.4 树石盆景的养护技艺

6.4.1 放置场地

为使树石盆景中的植物生长良好，宜将其放在通风透光处，并要保持盆中植物有一定时间的光照和通风。在夏季不宜在强阳光下暴晒，要采用遮阳网处理。

树石盆景除了在夏季要注意遮阴外，冬季遇寒流要将其提前移入室内或者塑膜大棚中，以防受冻。若不能移动，则在寒流到来之前，必须将盆土浇透，并在盆面上覆盖稻草以防寒冻。

在植物生长旺盛季节，若需放进室内观赏，则应注意时间不宜过长，不可连续多日放在室内，以免影响植物生长。通常在室内放三四天后，即要拿至室外通风透光处，待过四五天之后才可再移至室内观赏，此时时间也不宜过长。

6.4.2 浇水施肥

树石盆景由于用盆很浅，盛土不多，所以平时盆土较易干燥，特别在盛夏高温季节，因此要特别注意及时补充水分。一般可根据天气情况而定，如春季艳阳高照时可早晚各浇一次水；夏季高温时除早晚两次浇水外，还可在中午追加一次喷水；秋季风高气爽时，每天也要浇水两次。

为避免盆土被水冲走，浇水时宜用细眼喷壶，喷洒后待水渗入土中，再重新喷洒，这样反复进行几次，才能使盆土吃透水。

平时除了正常浇水之外，还要用喷雾器对盆中树木、山石以及盆面苔藓进行喷雾，以使树木、苔藓等生长良好。

为使盆中植物长势健旺，还要进行养分补充。如果没有足够丰富的养分补充，植物就会生长不良。

树石盆景的施肥，应做到薄肥勤施。施用的肥水多以稀释后的有机肥水为好，应尽量少用无机肥。肥水可用喷壶细洒，注意不要将树木叶质污染。也可将一些颗粒状有机复合肥埋入土中，让植物自然慢慢吸收。

施肥时机以在春、秋两季为宜，夏季不施，通常每周一次。秋季施肥很重要，一直可以施至立冬小雪前再停施。由于秋季为树木养分蓄积期，所以只有在此季节施够肥料，让植物吸收充分的养料，才能为来年开春树木的生长打下基础，第二年树木才会旺盛生长；而且秋季施足肥料，树木冬季抵御寒冻、抗病虫害能力也都会增强。

6.4.3 修剪换土

盆中的树木经过一段时间生长，都必须修剪。但此时只需把重点放在树形姿态的维持上，也就是将长野的树枝剪短，对一些交叉枝、轮生枝、徒长枝、重叠枝、病枯枝及时剪除。除此之外，一般不需过多重剪。

宜在6月芒种节气前后和12月冬至以后修剪，每年大剪两次。平时注意把徒长枝剪除。

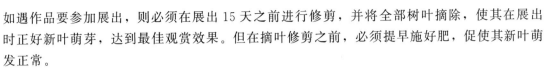

如遇作品要参加展出，则必须在展出 15 天之前进行修剪，并将全部树叶摘除，使其在展出时正好新叶萌芽，达到最佳观赏效果。但在摘叶修剪之前，必须提早施好肥，促使其新叶萌发正常。

盆中的树木生长多年后，须根会密布盆中，而且土壤也会逐渐板结，此时若不进行换土作业，则会影响到盆中植物的生长。

一般 2～3 年进行一次换土，多在春、秋季节进行。换土时先取下配件与点石，并记住其位置。待盆土稍干时，从盆中取出树木，用竹签剔除约一半旧土，同时将部分过长过密的根系剪去，换上疏松肥沃的培养土，然后再按原位置将树木栽入盆中，把点石按原位置放上，加以固定，放上配件，铺上苔藓，然后再喷洒水使盆土湿透。

6.4.4　防治病虫害

为使树石盆景中树木健康旺盛生长，平时宜经常观察是否有病虫害，做到预防在前，除病灭虫在后。因为树石盆景中树木的生长环境受盆浅土少的影响，对病虫害的抵御能力相对差一些，所以要特别予以重视。通常两个月喷洒一次杀虫除病的药水，这样可确保树木免受病虫灾害，使树木生长健壮。

===== 思考题 =====

1. 树石盆景创作程序有哪些？
2. 树石盆景的后续处理都包括哪些内容？
3. 简述水旱类树石盆景创作的主要程序。
4. 树石盆景的养护管理都包括哪些要点？

7　其他类型盆景

7.1　微型盆景

7.1.1　微型盆景的优点

（1）微型盆景体积小

能放置一盆大型盆景的空间，可以放置十多盆微型盆景。若利用博古架将微型盆景挂在墙壁上，则更节省空间。微型盆景分量轻，容易搬动。

（2）微型盆景成形时间短

培育一盆大型树木盆景，需要用几年甚至更长时间，并且不容易出效果。而微型盆景利用嫁接、扦插以及压条等方法，略经加工造型，一般二至三年即可成型观赏了。

（3）微型盆景制作成本较低

相对于大型盆景来说，微型盆景的价格十分便宜。

（4）易与家居、饰品协调

微型盆景与家里的小动物和小花瓶等小工艺品更易取得意境上的协调，使生活气息更浓。

7.1.2　微型盆景的制作

（1）取材

与普通盆景一样，微型盆景也有植物盆景和山水盆景之分。但一般以植物盆景为主，山水盆景为辅。

植物盆景选用的材料应当具备叶小、枝细、干粗、容易驯化成矮干和盘曲姿态，易于造型；耐阴、生长缓慢、萌芽力强、适应性强、上盆易于成活等特征。常用的有五针松、罗汉松、真柏、地柏、榔榆、雀梅、六月雪、小叶女贞、黄杨、杜鹃、小叶栀子、迎春、虎刺、火棘、枸杞、南天竹、爬行卫矛、小叶常春藤、小石榴、小凤尾竹、金雀、小榕树、小苏铁、小菊、矮干文竹等。

山石材料应选用纹理细腻、形态美观、色彩明晰的石材。常用石料有英德石、石笋石、斧劈石、钟乳石、千层石、宣石、砂积石、海母石、芦管石以及浮石等。

（2）造型

1）造型类型。微型盆景并非是大中型盆景的简单缩小，而是要更加细致精巧，所以要根据树干的特征设计盆景造型形式，再适当地进行画龙点睛的加工。常见的形式如下。

① 临水式。仿照自然界岸旁、溪畔、池边、山涧生长的临水之树的姿态。主干呈斜立状态，越出盆面，重心外移，但是树干不下垂。树冠横空，树影横斜，如探水状。

② 露根式。根部拱起，裸露在盆面之上，提起的根部不应过分细密，线条应简洁流畅并且有曲直、粗细和疏密的变化。

③ 悬崖式。树干虬曲，下垂于盆外，但枝叶一般向上生长，表现虽然身处逆境但却奋发向上的精神。按照主干下垂程度不同，又分成全悬崖与半悬崖两种。树梢低于盆底的称全悬崖；树梢不低于盆底的，称半悬崖。为了构图均衡，通常需进行提根或点石处理。

④ 大树形。表现自然界古朴苍劲的大树形象，主干粗短，直立或略弯，左右分生侧枝，层次分明，枝叶繁茂，树冠浑厚大气。

⑤ 丛林式。又称合栽式，意在表现树木的群体组合美。通常将多株同种树木合栽于一盆之中，树态差异较小，但讲究高低、疏密、粗细、远近的变化呼应。并用山石苔草映衬及摆件点缀，以表现出原野、山间茂林丛生的自然风光。

⑥ 卧干式。树木的整个主干几乎横卧于盆面，稍带弯曲，姿态苍古，主干不宜太直也不宜太细。而后又向上生长。用扬表现动，用横表现静，使景树整体动静有致。根部应适当提起，以显示构图的均衡。

⑦ 枯干式。用于表现枯木逢春的景象。通常下部裸露出虫蛀风蚀的木质部，极富苍古之气，而顶梢则枝叶繁茂。

⑧ 附石式。树木栽种于山石之上或树根扎于石缝之内，用来表现大自然树与石的巧妙结合景观。

⑨ 双干式。一树双干，或两株同种树木共栽一盆，树干一大一小、一高一低或一直一斜，树形极富变化。

⑩ 劈干式。对主干实施劈、撕等技法，表现老树的枯、节、斑、裂等特征，塑造枯荣共存的艺术形象。

微型山水盆景。盆多选用汉白玉、白色大理石等加工成的长方形或椭圆形浅盆。造型制作多用高远式，盆内放置山石不可多，但要有主峰、次峰以及配峰，可放置一个比例恰当的小点缀品，以衬托山石的高大。

2）造型技法。适用于大型树木盆景的造型技法，比如蟠扎、修剪、提根等，同样也适用于微型树木盆景。对一般植株进行造型的最适宜时间是入冬后至第二年春天植株萌芽之前。

首先要确定造型方式，依据选出来的植株的特点和姿态确定微型盆景主干的形式，如大树形、临水式一般主干不加蟠扎；悬崖式则必须对主干蟠扎，以使主干弯曲成型。然后可按照造型设计对植株进行具体的蟠扎造型。由于铅丝材料易得，操作简单，所以在实际操作中常常使用铅丝对主干蟠扎缠绕。具体操作方法是：根据枝干的粗细选用直径合适的铅丝缠绕枝干，再将枝干弯成所需要的形态。缠绕时必须紧贴树皮，疏密适度，并且绕的方向大约和枝干直径成45°。通常1~2年即可定型。主干形态确定后要对植株进行一次修剪，短截或去除多余的杂乱枝条。由于微型盆景所用植物均较矮小，所以造型时宜简不宜繁，弯曲一两个弯即可，枝条留二到三条为好。对根系较强健的植株，定植时还可以使根系裸露在盆面外，增加根的观赏。总之，微型盆景的造型应运用亲切尺度大写意的手法，注重神态的表现。

7.1.3　微型盆景的养护

微型盆景的养护基本与一般盆景相同，但更要细心和耐心，特别是微型植物盆景，既要其正常生长，包括花果类的开花结果，又不让它徒长破坏造型。同时，微型盆景盆小土少，水少易干枯，水多易涝；无肥生长不良，肥大容易"烧死"。所以，对它的养护比大、中型盆景要求更严，要更细心。没有一定的条件及充裕的时间，是养护不好微型盆景的。

微型盆景花木的耐寒、抗风以及抗病虫害的能力都不及普通盆栽花木。所以，在养护微型盆景时要特别注意。有的辛辛苦苦养植几年的微型树木盆景，可能就由于偶尔粗心大意，忘记管理，而导致部分枝叶死亡，甚至整株都会死亡。

若把微型盆景置于几架或挂于墙上，是十分节省地方的。微型盆景成形快，购买时价格便宜，而一盆大型树木盆景成形需要几年甚至几十年的时间，且价格昂贵。微型盆景，只要利用嫁接、扦插、压条等方法培养植株，或到野外挖取小树木，略经加工造型，养护管理，一般翌年即可成形，供上盆观赏。

（1）树种选择

应选择叶片小、茎干粗短、生命力强、上盆易成活、耐修剪、易蟠扎造型的植物。最好选叶形小，萌芽力强且较耐阴的树种，如小叶罗汉松、真柏、桧柏、五针松、白皮松、锦松、黑松、地柏、龙柏、米叶冬青、六月雪、四季石榴、橘、金橘、冬珊瑚、樱花、梅花、寿星桃、桃花、迎春、火棘、雀舌黄杨、杜松、山楂、胡颓子、海棠、紫薇、紫荆、栀子、榆叶梅、合欢、金雀、银杏、南天竹、山茶、小叶杜鹃、红枫、红叶李、雀梅、柽柳、瑞香、菊花、兰花、常春藤、金银花、凌霄、络石、小凤尾竹、小榕树、矮干文竹、薜荔、苏铁、万年青等。

（2）上盆

选定植株后，根据造型要求栽于合适的盆中。单干式造型中的直干和斜干，可选用浅长方形或腰圆形盆；曲干可用方形、多角形、菊花形或海棠式盆。半悬崖或全悬崖式，宜用深筒形盆。微型盆景的盆较小，最好不用瓦片遮挡排水孔，以免占去过多的空间，而改用塑料窗纱盖住排水孔，再铺泥土。植株上盆后，用浸盆法供水，盆面要铺青苔，以保持盆土湿度，并可防止雨水或浇水时把土冲刷掉。

刚上盆时，必须遮阴，或置于阴凉通风处。夜晚应置于露地。

（3）浇水

微型盆景由于盆小土少，持水量较小，一般盆边又不留浇水槽，所以最好用浸盆法进行灌水和施肥，也可用自制小喷壶浇水。浇水或浸盆在春秋两季，每天早晚各1次；盛夏炎热季节，则一日要数次，而且要经常对叶子喷水，以防叶片缺水而造成落叶。为减少浇水次数，可将微型盆景置于湿润的沙盘上，但仍要经常喷水，以保持湿润的环境。

（4）施肥

微型盆景的盆较小，土也少，所含养分有限，因此必须及时补充肥料。在萌芽前用浸盆法施些稀液肥。在生长旺盛季节应及时施肥。观花、观果类植物要适当多施些磷钾肥。除了施有机肥外，开花后还要追施一两次稀薄液肥，以保证花大、色艳、果多。对针叶类植物，一般施一次有机肥即可，否则多施了会引起徒长。

（5）造型

造型在冬季至翌春萌芽前进行。造型时把植株从盆中磕出，剪去主根，留下侧根及须根，并对枝条进行修剪，然后进行蟠扎。主干为微型盆景的主体，应根据树姿特点进行构思，可用蟠扎、修剪、折枝等手法进行加工。微型盆景所用植株都较矮小，造型时做1～2个弯即可，枝条留2～3枝为好。注意线条要简练夸张，枝叶不宜过繁，要疏密有致，参差高下，层次分明，展示或苍劲古朴，或亭亭玉立、婀娜多姿，或飘逸悬垂、潇洒自如等各种艺术造型。直干式要求干直挺拔，主干可不加蟠扎，蓄枝养干，必要时，对侧枝适当加以蟠扎或修剪。斜干式在上盆时就要将主干斜放栽植。悬崖式可用铅丝缠绕或棕丝结扎法造型。

在生长期间也要注意及时修剪、摘芽，把一些多余的交叉枝、反向枝、直立枝、平行枝、辐射枝、对生枝等剪除或短截。为使树姿显出苍老态势，可在树干上进行雕刻，或提根使根裸露于土面，以弥补微型盆景干细枝纤的弱点。

（6）翻盆换土

微型盆景翻盆时因盆小土少，植株经一定时间培养后，往往在盆土中长满了根系，而且老根不断死亡，新根又难以伸展，这样就会影响植株的生长和发育，所以必须及时翻盆换土。一般针叶类微型盆景每隔2～3年换1次，杂木类一般1～2年换1次，要根据植株的长势强弱、盆土内根系的多少而灵活掌握。

翻盆换土最好在深秋和初春时进行。翻盆前停止浇水，一是使土稍干，便于脱盆，二是由于植株细胞含水量少，膨压降低，在操作时不易折断枝叶及根系。盆土脱出后，用竹针轻轻理顺根系，剪除老根、死根、过长的根，并将多余的过密的根剪去，以促使新根生长。

7.2 异形盆景

7.2.1 挂壁式盆景

挂壁式盆景是盆景艺术与现代工艺美术，如贝雕、浮雕、木刻等巧妙结合的艺术品，是挂在墙上的盆景。挂壁式盆景可分为三种类型：挂壁式山水盆景、挂壁式树木盆景与挂壁式花草盆景。

挂壁类山水盆景是将盆竖置在桌上，或悬挂在墙壁上。山石经加工成薄片后再用胶粘在盆面上。其加工制作如同用山石在绘画，形成如山水画似的山水景观。

在制作中挂壁类山水盆景的布局不同于一般山水盆景，其在造型、布局、构图及透视处理上均相似于山水画。它可以使山峰如同山水画那样悬浮在半空中，下面用空白代替云或水，而不必过多考虑山峰坡脚的处理。

用盆主要为浅口的大理石盆及汉白玉盆，也可用紫砂盆、瓷盘以及大理石平板等。根据主题需要可取长方、圆形、椭圆、扇形等各种不同形状。制作时可充分利用天然大理石板面形成的纹理，来表现云、水以及雾等自然景色。石料软硬皆可，先将石料加工切割成薄片，或在石料背部切平，使之可以胶合，并留下一定栽种植物的间隙，以增加自然气息，使之成为一幅具有立体效果的山水画。

（1）挂壁式山水盆景

1）立意。挂壁式山水盆景在造型方法上与一般的山水盆景相同，常常利用平远式的表现方法。有近山、有远山，山上还可以种植小植物作为点缀。在制作之前要根据所要表现的主题思想，构思山石的布局、草木的栽种、配件的点缀、题名、落款以及印章等在盆面的位置。

2）材料的选择与准备。

① 背景：挂壁山水式盆景通常选用汉白玉、大理石浅盆或者已抛光的石板作为背景，大理石浅盆或石板上，如果有天然抽象的山水纹理就更理想了。也可以选用三合板或金属薄板，上边涂上湖蓝色的漆模仿天空和湖水。常用的样式有长方形、圆形、椭圆形、扇面形等。制作时要根据实际情况选择样式大小合适的背景。

制作前先在选好的盆背面用钨钢钻打洞，注意不要将盆或石板穿通，洞口要小，里面要略大一些，用粗细适宜的铜丝制成大小合适的挂钩并将其用万能胶调和 400 号以上高标号水泥固定于洞内，以便制作完毕之后可以把盆钵挂在墙上。

② 石料：可以选用斧劈石、英德石以及石笋石等硬质石料，也可选用便于雕凿的砂积石、海母石等软质石料。为考虑之后需在山石上栽种草木，山石上最好有孔洞和裂隙。由于硬质石料加工难度较大，所以在选材时除需考虑山石大小、色泽以及厚薄之外，山石上有自然洞孔、缝隙以及凹坑最佳。

挂壁式山水盆景的山峰背面要粘贴在盆面上，为了减轻重量，使粘贴更牢固，需将石料加工成薄片。加工时只加工正面，背面切为平面即可。

③ 其他材料：根据立意准备好石上栽种的小植物、点染的青苔以及大小适合的亭、塔，风帆等配件。

3）布局制作。在布局时，挂壁式山水盆景要遵循近山大、远山小；近山清晰，远山模糊的透视原则。用作近山的山石分量要大于远山，山石上宜有清晰的纹理；而用作远山的山石则不需要纹理清晰，颜色要淡一些，山石也要适当薄一些。远山的形状要低矮逶迤，下沿水平。近山的山石上，要预留洞穴，栽种小植物，植物大小同山峰的高度比例要协调，可以在山石缝隙或凹隙处点缀青苔，起到绿化山石的作用。

胶合山石的水泥色泽应与山石相同。若不同，则可以在调和水泥时加入和山石色泽相同的颜料，也可以在水泥的表面上撒与山石材料一样的石粉。粘贴山石前要用砂纸把盆面粘贴位置打磨几次，再用布将打磨下来的石粉擦干净，这样可以增加山石和盆面结合的牢固度。

4）落款、题名、加盖印章。山石粘贴完毕后，要根据构思在盆面适当的位置落款、题名以及加盖印章。若盆面上的小船粘贴有困难，则也可在盆面适当部位绘上几只小船，注意小船也要遵循近大远小的透视关系。

（2）挂壁式树木盆景

① 立意。挂壁式树木盆景着重表现树木的优美形态，因此在制作之前要仔细思考立意构图。

② 材料的选择与准备。挂壁式树木盆景通常选用白色的石板作为背景，如同在白纸上做画一样，可以将树木形态衬托得形真神活。石板的背面也要事先做出挂钩。

树木材料要选择生长缓慢、枝密叶小、适应性强、树姿优美并具有一定耐阴力的树种，如松柏类、榔榆等。

③ 制作。挂壁式树木盆景的布局方法有两种。其中一种方法是在石板的适当位置处打洞，然后在石板背面洞孔下方粘贴半个素烧盆或者其他容器，树木脱土后，并将根系由洞孔穿入，栽入容器中。栽好之后，只见正面树木的优美姿态而不见盆器裸露，好似一幅清雅的写意画，如图 7-1 所示。

还有一种方法是将盆器和树木的姿态完全显露在画面上。先选用悬崖式或者曲干式成型小型树木盆景，并通过比较找到合适的位置，按照盆的形状锯一个洞，洞的形状和大小要与

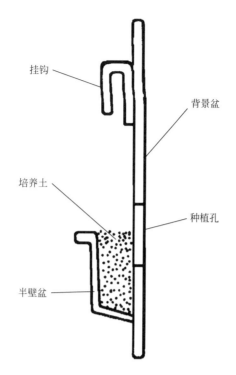

挂钩

背景盆

培养土

种植孔

半壁盆

图 7-1　挂壁式盆景侧面结构

盆器相同，将盆器放入洞中，板的正面露出 1/3 左右，将盆器在板的背面固定。也可以将选好的花盆竖直切下一半，并将切好的花盆用树脂胶等强力胶粘贴在板面的适当位置上，粘牢后，再在盆内栽上景树。

④ 落款、题名、加盖印章。挂壁式树木盆景也要根据立意主题落款、题名以及加盖印章。不同的是为了方便，这个工作一般在树木栽种之前进行。

无论是挂壁式山水盆景还是挂壁式树木盆景。养护和管理都要更精细。并要注意浇水时不要污染环境并要经常用喷雾器喷洒植物。

（3）挂壁式花草盆景

1）立意构思。挂壁式花草盆景在立意构思上应突出体现花草，还应使花草与框架协调，体现整体美。

2）素材收集。根据立意构思收集所需素材，包括背景框架素材与花草素材。

3）制作步骤。

① 制作木质外框，喷漆晾干备用。

② 在框上粘贴、镶嵌打磨好的石料背景板。

③ 在背景板上布局并粘贴打磨造好型的配石（配石上选择合适部位，也就是栽种花草处应事先打好洞穴）。

④ 在石料上的洞穴处栽种花草。

7.2.2　立屏式盆景

立屏式（立式）也称竖屏式盆景，通常选用大理石浅口盆或大理石板作背景，也有选用白水泥或者塑料等其他材料浅口盘作背景的，把背景盆竖起来放在特制的几架上，然后在盆面上粘贴山石，栽种草木，成为一件独特的具有生命力的立屏式盆景艺术。立屏式盆景对几架的要求很严，不但要求与景物比例协调，而且要款式优美，还能使景物立得稳固。立屏式盆景有树木立屏式与山水立屏式两种类型。

（1）立屏式树木盆景

① 挑选样式大小合适的背景盆，已经成型的盆景树木，合适的几架等材料。

② 根据立意构图，在浅口大理石盆的合适位置打一个洞，目的是为栽种树木。再挑选一个大小合适的瓦盆，从中间将瓦盆锯开，粘贴到大理石盆背面孔洞的下方。

③ 把已经准备好的成型树木盆景根部穿过大理石盆上的孔洞，并栽种到大理石盆背面的瓦盆中。

④ 在盆面上结合树木粘贴几块山石，要注意树木山石要结合的自然且无人工痕迹。在盆面空白处适当部位题名、落款以及加盖印章。

⑤ 将制作好的盆景，放置在挑选的几架上，作品就可陈设欣赏。

（2）立屏式山水盆景

① 挑选样式大小合适的背景盆；根据背景盆的大小，选择样式大小合适的几架。为了使背景盆立得稳定牢固，要对几架进行一些处理。可以在几架上面适当靠前的位置上凿一个长条形沟槽，宽窄长短以能将大理石盆立起放入为准，深度不要过深，能使盆景盆立牢即可。然后在沟槽后固定支撑物，支撑物的高度不要比背景盆高，以免影响正面的观看效果。挑选几株有一定形体的小型草木和青苔。

② 挑选石料。若用软质石料，则只要石的种类好，有一定姿态颜色即可；若用硬质山石，应选用纹理美观，具有凹凸或孔洞的山石。石上有孔洞就更好。

③ 根据立意构图粘贴山石近景景观。在盆面适当位置用黑色油漆绘出远景山峦及舟船。

④ 在山石的孔洞或者凹陷处栽种小草木，点染青苔。

⑤ 落款、题名以及加盖印章。将大理石盆立起，放在几架上，即可陈设欣赏。

7.2.3 云雾山水盆景

云雾山水盆景是在山水盆景的基础之上，在水下安装雾化装置，只要在盆中注入清水，接通电源，就能产生淡淡雾气，使山峰周围云雾缭绕的一种盆景形式。云雾山水盆景不但能增加盆景的神秘感，深化盆景意境，既用于美化室内环境，还可以调节空气湿度，含有负氧离子的雾气还能够起到净化空气的作用。

制作云雾山水盆景的方法和原则基本与一般山水盆景相同。但由于要安装雾化装置和产生雾气，所以一般需注意下列几点。

① 盆景盆比一般山水盆景要深一些。例如50厘米长的盆钵，普通山水盆景有1厘米深度即可，而云雾山水盆景则要求达到5厘米深度甚至更深，才能够装入足够的水，才可能将水雾化而产生雾气。

② 要有足够的山峰空间来掩藏雾化装置。原则上云雾山水盆景不用平远式造型。小型云雾山水盆景常用独峰式，群峰式亦可以。如果感觉独峰式太单调，则可以配一个配峰在旁边。总之雾化装置必须能掩藏在山峰内，也有加水车、小型跌水配合雾化效果更理想。

③ 雾化装置必须妥善处理，电线要保护好，注意用电安全，不可漏电。

1. 简述微型盆景的优点。
2. 什么是挂壁式盆景？
3. 立屏式盆景包括哪两类？
4. 云雾山水盆景制作中应注意什么？
5. 简述微型盆景的制作过程。

8 盆景的题名与赏析

8.1 盆景的题名

8.1.1 盆景的命名方法

盆景艺术发展到今天，命名已经成为盆景艺术创作不可缺少的一部分。一件优秀的盆景作品，若只有优美的造型，没有和谐贴切而又饶有趣味的命名，那么它的美是不完整的，自然会降低其欣赏价值。但是，如果命名不当，也会产生相反的效果。所以，给盆景命名一定要慎重，需要经过反复推敲，方能确定。

盆景的命名，必须具有诗情画意，引人遐想，以扩大对盆景意境的想象。好的命名犹如画龙点睛，它能吸引观者，使其进入景物的意境之中，达到景中寓诗、诗中有景、景诗交融的境界，从而提高盆景的思想性与艺术性。

现将盆景命名的形式、要求以及方法简要介绍如下。

（1）直接点明内容

给盆景命名，可以用直接点明盆景内容的方法。比如在一个盆钵内植竹砌石，可给这件盆景命名《竹石图》。给表现沙漠风光的盆景命名为《沙漠绿洲》或《沙漠驼铃》。再如给一盆老松树盆景命名为《古松》。这种命名较为容易，也好学，使观赏者一目了然，但不够含蓄，也难以引起人们遐想，对扩展盆景的意境作用不大，当然也是命名的一种方法，如图8-1所示。

（2）以配件来命名

这种命名就是以盆景中的配件来命名的。比如，在一长椭圆形盆钵中，有高有低，有疏有密地栽种数株竹子，在竹林中点缀几只可爱的熊猫釉陶配件的盆景，就命名为《竹林深处是我家》。这件盆景的命名是很风趣的。又如，在一件山水盆景中，点缀一个划桨老翁的配件，老翁慢慢划动船桨若有所思，再将其命名为《桨声轻轻》更突出盆景所表现的意境。再比如，在一件偏重式山水盆景跨越两岸的大桥上，放置一个大步行走的人物配件，将该件盆景命名为《走遍千山》来形容游览过许多名山大川。山水盆景中加入几叶扁舟即命名为《斜归舟急》（王彝鼎），如图8-2所示。若到过很多地方，见多识

图 8-1　直接点明内容（松之高洁）

广"成竹在胸"，则创作起来那就得心应手。以配件命名的盆景要数江苏扬州的《八骏图》，它是用数株六月雪与八匹不同姿态的陶质马配件制成的水旱盆景，创作者将这件盆景命名为《八骏图》，作品 1985 年在全国盆景展评会一出现就受到广大观众及专家们的一致好评，被评为一等奖，驰名中外。

图 8-2　以配件给盆景命名（斜归舟急）

以配件给盆景命名，比较简单易学，只要景名贴切，运用得当，即能收到很好的效果。

（3）以突出地方特色的方法命名

海南张进山的花梨石英岩盆景《琼崖春讯》，福建林桂侃的榕树盆景《闽都遗韵》，湖北赵德发的对节白蜡《楚风》，江永武的小叶蚊母《绿浓荆楚》，山东石景涛的侧柏《泰山风云》，高胜山的侧柏《岱宗神秀》，陈再米的《椰林海风图》，山东鲁新派范义成的《东岳魂》，湖南张德明的《洞庭春早》，刘长生的山水盆景《武陵渔歌》，仲济南的《新安江揽胜》（如图8-3所示），安徽黄映泉的《徽商从此闯天下》，河南刘建立的侧柏《伏牛神韵》，重庆彭健的《巴人故乡》等，都是很好的命名。

图 8-3　突出地方特色（新安江揽胜）

（4）用拟人化方法命名

采用拟人化的方法来给盆景命名，有时可能会得到意想不到的效果（如图8-4所示）。如一棵双干式古松，其中一根树干已经枯死，另一根树干却枝繁叶茂，用《生死恋》来为其命名，可使人联想起在封建社会有多少青年男女，为了崇高而纯洁的爱情所遭遇的不幸，从而激发人们更加热爱新生活。又如给一树干粗短、枝叶茂盛翠绿的五针松盆景命名为"有志不在年高"，可使人想到在人类历史发展的长河中，有多少英姿勃发的青少年做出了可歌可

图 8-4　拟人化命名（口吐莲花）

盆景艺术基础　PENJING YISHU JICHU

泣的伟大业绩，从而激励人们振兴中华的豪情壮志。又如将由高低两座山峰组成的山水盆景命名为《母女峰》，会使人浮想联翩。再如将一件双干式树木盆景命名为《兄弟本是一母生》或《手足情》，有的观赏者看到这件盆景和命名时，就会浮想联翩，回忆起一幕幕往事，尤其是在人生道路上受过挫折的人们，更容易在思想上产生共鸣。有的人还可能想起在异地生活的亲人，盼望早日得以团聚。

用拟人化的方法为盆景命名，人情味很浓，运用得当，常会受到观赏者的青睐。

（5）根据树桩或山石外形来命名

有些盆景是根据景物的外部形态来命名的。将给附石式盆景命名为《树石情》。给独峰式山水盆景命名为《独秀峰》或《孤峰独秀》。将一件树干离开盆土不高即向一侧倾斜，然后树木大部枝干下垂，树枝远端下垂超过盆底部的松树悬崖式盆景命名为《苍龙探海》。将主峰高耸的高远式山水盆景命名为《刺破青天》等。这种方式命名的盆景，当听到盆景的命名，虽然还未见到景物，就能够想象出它大概的形态了，如盆景《探望》（图8-5）。

（6）以树龄来命名或把树名融入命名

以树木的年龄长短给盆景命名，也是树木盆景命名的方法之一。如将一树龄较长、树干部分木质部出现腐蚀斑驳，但枝叶仍然繁茂的树木盆景命名为《枯木逢春》（应国平）如图8-6所示。将一株树龄不长、生长健壮茂盛充满生机的盆景命名为《风华正茂》。用这种方法命名的盆景，当听到盆景的命名时，虽然没有见到盆景，就会知道树木的大概树龄了。

把树木名称巧妙地融入命名中，别有一番情趣。比如将一株树干部分腐朽的老桑树盆景命名为《历尽沧桑》，将正在开花的九里香盆景命名为《香飘九里》，将花朵怒放的迎春盆景命名为《笑迎春归》，等等。

图8-5　根据树桩命名（探望）

图8-6　以树龄来命名（枯木逢春）

（7）用成语来命名

成语是简洁精辟的定型词组成短句，是人们经过千百年锤炼的习惯用语。用成语来为盆景命名，言简意赅，说起来顺口押韵，是人们喜闻乐见的用语，只要运用得当，命名就能充分表达该件作品的主题思想，能得到观赏者好评。比如有的在野外生长的老树，经长期风吹、雨淋、日晒、人工砍伐以及病虫害等因素的影响，树木主干木质部大部分腐烂剥脱，成中空状，但是部分树皮仍然活着，在树干上部又长出青枝绿叶，生机欲尽神不死。因此将这样的树木盆景命名为《虚怀若谷》。下图树木如弯曲的腰肢，舞姿婆娑，起名为《闻鸡起舞》（应国平）非常恰当，如图 8-7 所示。

图 8-7　以成语命名（闻鸡起舞）

（8）以名胜来命名

如用《长城万里》《漓江晓趣》《妙峰钟声》《黄山松韵》《九寨风光》等名胜古迹给盆景命名，已游览过该名胜的人会回忆起那美好景致，未游览过该名胜的人，若看到该景和命名，也会有美妙的遐想，如池泽森的《武夷风情》，如图 8-8 所示。

图 8-8　以名胜来命名（武夷风情）

（9）以时间来命名

就是用不同的季节给盆景命名。比如春季将吹风式柽柳盆景命名为《春风得意》，或给初春开花的迎春盆景命名为《京城春来早》；夏季将开满白色小花的六月雪盆景命名为《六月忘暑》，或将山青、叶翠的盆景命名为《夏日雨霁》；秋季将硕果累累的石榴盆景命名为《春华秋实》，或将红果满树的山楂盆景命名为《秋实》；冬季将表现北国雪景的山水盆景命名为《寒江雪》或《寒江独钓》。另外将表现夜间景致的水旱盆景命名为《枫桥夜泊》，将表现早晨景致的丛林式树木盆景命名为《密林晨曦》，将浓密且翠绿色叶的树桩盆景命名为《春满乾坤》（如图 8-9 所示），等等，效果都比较好。

图 8-9　以时间命名（春满乾坤）

（10）以名句来命名

以名句来给盆景命名，多是用古代文人的诗词名句来为盆景命名。比如将一件用斧劈石制作、用来表现悬崖峭壁景致的山水盆景命名为《一片孤城万仞山》。当人们看到这个题名时，就会想起唐代大诗人王之涣《凉州词》中的"黄河远上白云间，一片孤城万仞山。"如图 8-10 所示。

用古代文人诗词名句为盆景命名，必须深刻领会整首诗词的意思，使诗句与景物两者相符贴切才行。如将鸭子造型的水仙花盆景命名为《春江水暖》，具有一定文学修养的人，看到此景与命名，就会想起宋代著名大诗人苏东坡的著名诗句"竹外桃花三两枝，春江水暖鸭先知"，从而将人们带入诗情画意之中。若对诗词一知半解，反而会弄巧成拙，不如不用。

（11）以自然景物形象命名

盆景本来就是大自然独特景观的缩影，命名就必须根据景观特点，冠以最能体现景观之神韵的名字，如《神女峰》、《长江万里行》、《逶迤长城》、《武夷风情》、《蓬莱仙境》（仲济南）（如图 8-11 所示）。如盆景描写田园风光一类，虽没有大山江河的气魄，却有玲珑小景，乡情风趣，这样的盆景，命名应更新颖，如《小桥流水人家》《农家红楼烟雨中》《烟雨江南》等，都是以自然景观取名的，大都情景交融，寓意深远，耐人寻味。自然景观和动植物

图 8-10　以名句命名（一片孤城万仞山）

相结合的形象，也是盆景命名的亮点，如汪彝鼎的《月石为伴》、仲济南的《吴江枫冷》、高升宝的《松壑飞泉》等，此种盆景题名，比较流行。以自然景观命名的盆景，出现有创意的佳名，并不容易，必须细心观赏、研究，诞生妙趣横生的灵感，才能获得艺术性强的盆景佳名。

图 8-11　以自然景物命名（蓬莱仙境）

总之，给盆景命名不但要贴切、含蓄，而且要格调高雅，清新脱俗。不论采用哪种方式命名，字数不宜多，要精练，语义要含蓄、贴切。命名不仅表达作者构思，更重要的是能为广大观众所接受，只有多数观赏者赞同你的命名，那才是成功的。

8.1.2　盆景命名注意事项

命名应根据形式与内容的要求，语言力求精练、新鲜、活泼，富于个性。

（1）要切题

无论命什么样的名，一定要同盆景的主要特征或艺术意境紧密相联，要与盆景的内容和形式相统一。不能离题杜撰，与盆景的形式及内容毫不相干。名不切题就会使人不知所云。

（2）要含蓄

命名不要太直白，直则无味。含蓄的命名才能使人们引发联想，令人回味无穷。比如一老者站在大树下的作品，若以《树下老人》为名，则过于直白，倘更名为《盼归》，则意境深远得多。含蓄并不是要隐晦难懂，而是要给观赏者留有想象的空间。

（3）要高雅

命名应典雅健康、格调高尚，反映向上的人生观和积极的思想情感，富有诗情画意，不要过于粗俗，市侩气。比如一枯桩发出新枝，不要将其命名为《老而不死》，命名为《鹤发童颜》或《枯木逢春》则要高雅些。

（4）要形象化

盆景命名要防止概念化，不宜采用本身就需解释的概念作为盆景的命名。如一盆初开的贴梗海棠盆景起名《佳人晓起试红妆》，拟人化，生动绚丽；如《青峰如剑》就比《青山高耸》要形象化，要生动。命名要传神，紧扣盆景最有特点的一面去命名。

（5）要精练

在充分表达含意的前提下，字数越少越好，要突出特点，忌烦琐，忌面面俱到。字多了不利于记忆，并且感觉累赘，常以四字为多。

8.2　盆景的陈设技巧

盆景是供人观赏的艺术品，常被誉为"立体的画，无声的诗"。盆景陈设是指盆景在特定的环境中加以艺术装点设置，以体现盆景艺术的完整性和艺术品的群体美，陈设是为了更好地欣赏。一件优秀的盆景作品，只有在一定的环境衬托下，才能充分发挥艺术魅力和观赏效果。盆景的陈设，主要应考虑盆景的种类、大小、几架的搭配、环境的烘托、人与盆景间的距离、盆景的高度和盆景之间的相互关系等。

8.2.1　不同类别盆景的陈设

树木盆景以放在视平线上为好，这样可以欣赏树干的形态姿势和树冠层次。树木盆景一般没有明显的正背面，陈设时可以放在中间做四面观赏，如果做单面观赏则要注意调整最佳观赏面。树木盆景一般都需要有光照，在室内陈设的时间不宜过长，要靠近窗户，以便于吸收阳光，正常生长。

山水盆景、水旱盆景一般宜放在略低于视平线处，可以欣赏到山水盆景的深远全景，以及山的脚坡、水面和布置的配件。山水盆景和水旱盆景都有明显的正背面，所以宜做单面观赏。

平远式的山水盆景放置低一些，以表现其水面的开阔；高远式的山水盆景则放置高一些，以突出山峰的高耸雄伟。

色彩较灰暗的盆景，如斧劈石一类的山水盆景，背景色彩应鲜明一些，以免过于单调沉闷。

8.2.2　不同形式盆景的陈设

悬崖式的树木盆景宜放置视平线以上的落地高几架上，以符合在自然界的真实观感；露根式的树木盆景放在视平线稍下的台座上，可以欣赏其根部的优美姿态。

平远式的山水盆景可放置在较低的台几上，以欣赏其水面的开阔、山景的深远；高远式的山水盆景则可放置在略高的地方，以突出其山峰的雄伟。

8.2.3　不同体积盆景的陈设

一般中小盆景宜放在不太大的空间里，让欣赏者可以看到盆景的全貌；特大的盆景需放置在较大的空间里，既可远看，又可近赏，位置宜稍低些；微型盆景配上精致的几架一般适宜放在室内桌案上，如采用博古架组合陈设，效果更佳。

8.2.4　不同环境和场合盆景的陈设

盆景的陈设环境分为两种，即室内陈设和室外陈设。另外，由于陈设的目的和场合不同，陈设的布局方法也有区别。

（1）室内陈设

室内陈设的目的主要是装饰点缀和美化环境，因此要注意在体量、色彩等方面与其他景物相协调。不但要体现盆景的个体美，更要体现出环境的整体美。

一般室内陈设盆景多用中、小型甚至微型盆景，数量不可过多，陈设时注意不可前后重叠。为了不影响人的活动，大多放置在靠墙的边、角处，可结合几架或博古架，使盆景摆放大小相宜、高低错落，形成层次，达到"多而不乱、繁而不杂"的效果。墙面又为盆景提供一个单纯的背景，墙壁上可挂字画，作为衬托。字画应利用盆景之间、盆景上方或盆景与其他家具物品间的空白处布置，不可与盆景前后重叠。同时还要注意内容和色彩方面的统一变化，如树木盆景旁边宜挂竖幅山水画，而山水盆景上方，则宜挂横幅字轴。室内陈设盆景要注意以下几个方面。

① 盆景陈设应与房间大小相协调。布置房间与写字作画一样讲究留白，盆景陈设只是居室的一种点缀，一定要根据室内空间的大小选择盆景，如果房间很小、盆景很大就会给人一种压抑感。

② 位置不同，盆景样式选择不同。室内不同位置应根据场所特点选择不同样式的盆景，如橱柜、书柜等顶部应选择放置悬崖式盆景，位置宜靠边；茶桌、茶几上应选择矮式呈平展形或放射形的盆景，位置宜中；墙壁上可选择挂壁式盆景；墙角可用高几架盆景，或用高低组合架陈设小型或微型盆景。

③ 室内用途不同，应选择不同的盆景。家庭卧室、书房要求创造宁静、清雅的环境，应选择形态雅致、飘逸的盆景；会场要求创造庄严和隆重的气氛，可在入口处对称布置松柏、苏铁等大中型常绿盆景；纪念堂气氛庄重肃穆，可陈设一些具有象征性特征的盆景，如梅兰竹菊和松柏类等；宾馆、商场等的大厅注重表现庄重、典雅的气氛，应选用形态端庄、

枝叶丰满的大、中型树木盆景。

④ 背景要淡雅简洁。盆景后面的墙壁宜选择淡雅的单色，才能更好地衬托出盆景的姿态，一般白色、乳白色、淡蓝色或淡黄色为好。

⑤ 要注意盆景的采光。盆景是有生命的艺术品，植物离不开阳光，因此，盆景最好设置在有光线、通风良好的地方。同时还要根据植物对阳光的喜爱程度来掌握其在居室摆放的位置和摆放时间的长短。一般应准备二到三套盆景轮换摆放，定期将盆景（10天左右）移出室内置于阳光充足的地方养护，以备再换。也可以有目的的选择耐阴的盆景种类，减少轮换次数。

（2）室外陈设

包括公共建筑庭院、住宅庭院、盆景园等在室外的露天陈设。室外露天陈设盆景在光照、水分和通风条件上都对树木生长十分有利，因此可以一边欣赏一边养护。室外陈设盆景应注意以下两个方面。

① 盆景宜放在几架上陈设。室外陈设盆景应放在几架上，以免地下害虫对盆景根系造成危害而影响美观，常用的有石质、釉陶、水泥等制作的几架。一般大型盆景单独设置，中、小型盆景多用条架陈设。

② 不同盆景种类及大小的搭配。室外陈设盆景应注意不同树种、不同样式、不同大小的搭配。陈设时要注意不能前后重叠，互相遮挡，也不能均匀布置，以免呆板。同时要考虑盆景植物的生长习性，喜阳的和喜阴的区别布置，一般山石盆景多陈设于阴处，以利于山石上青苔的生长。

8.3 盆景艺术欣赏

盆景是雅俗共赏的高等艺术品。欣赏盆景，能丰富人们的文化生活，陶冶情操，振奋精神，提高艺术修养，消除疲劳，有益于身心健康。欣赏盆景艺术，要具备主观与客观两方面的条件。

在主观方面，欣赏者首先要有一定的美学知识、文学修养、绘画知识、审美能力和对大自然细致的观察力，才能具备一定的欣赏能力。其次要有充裕的时间及欣赏盆景的兴趣。只有这样，才能更好地欣赏盆景艺术，通过盆景的外形美，引起想象和联想，深入领会盆景的内涵美，即所谓的"神"——盆景的灵魂。

8.3.1 自然美

在客观方面，首先，欣赏对象的盆景作品，要具有一定的观赏价值。若盆景艺术水平很低，而欣赏者有再高的欣赏水平，也不会有美的享受。另外，要有一个良好的环境。比如一件上乘的盆景，若置于杂乱的环境中，无法使人认真细致地进行欣赏，就更难引起想象和联想了。

不论是欣赏植物盆景，还是欣赏山水盆景，主要是从四个方面来进行欣赏，即欣赏盆景艺术的自然美、整体美、艺术美以及意境美，而意境美是盆景的灵魂，是其生命力之所在。

（1）山水盆景的自然美

山水盆景同一般艺术品既有共同点，也有不同点。其不同之处在于，它是以自然山石为主要原料，其中的草木、青苔又具有生命力。所以，自然美是盆景美的一个重要方面。优秀的山水盆景作品，必然是自然美的直接再现。峰峦的纹理、色泽、形态，美观而又协调，其中的花草树木、舟、亭、塔以及寺，均使人感到它真实而富有生机。所以，离开自然美，山水盆景艺术就不会产生和发展，更谈不到欣赏了。

山水盆景的自然美，主要体现在制作材料的质地、纹理、形态、色泽以及植物种植是否符合自然规律等方面。各种材料都有其不同的自然特性，不管是"因意选材"还是"因材立意"，都是要利用原料的自然美而实现突出主题的目的。有一位盆景爱好者，得到一块质地坚硬、纹理通直的山石，他观石后确定，利用山石纹理的自然美，将石料竖向使用。立意之后，拼接胶合成一件作品，其山峰挺拔雄伟，通直的山石纹理好似飞瀑自天而降，一落千丈，故命名为《飞瀑千仞》，这是利用自然美的一件成功的作品。耐翁的《别有天地》也是通过一块奇石创造（如图 8-12 所示）。

图 8-12　别有天地（耐翁）

在山水盆景中栽种植物，要符合自然规律，方能体现出自然美。如在山峰上部铺苔稠密，山巅栽种高大挺拔的树木，而山下却铺苔稀疏，就违背了自然规律，显得矫揉造作。《飞瀑千仞》主峰内侧是悬崖峭壁，缺少曲线美，创作者为了弥补这一不足，在山腰背面种植一株树木，树干由主峰后面伸出并适当下垂，就像在峭壁悬崖上生长着似的。这株树木除起到绿化及改变山峰外形轮廓的作用之外，树木顽强的生命力还会给人一种矫健有力的感受。

（2）植物盆景的自然美

欣赏植物盆景的自然美同欣赏山水盆景的自然美不太一样。植物大都由根、干、枝以及叶组成，有的还要开花结果。虽然一棵树是一个统一的整体，但是在欣赏时观赏者的注意力并不是平均分配到各个部位上去，而是每件植物盆景均有其欣赏的侧重点，因此植物盆景有观根、观干、观枝叶、观花以及观果等的不同形式。

① 根的自然美。根是植物赖以生存的最重要的部位之一。通常植物的根虽然都扎入泥土之中，但全部扎入、看不到的却很少。盆景是高等艺术品，盆树不露根就降低了欣赏价

值，因此有"树根不露，如同插木"的说法。所以盆景爱好者在野外掘取树桩时，对露根的树桩格外喜爱。挖回来经过"养胚"、上盆等过程，将根提露于盆土上面，供人们观赏。湖南张家界国家森林公园内有两棵并排长在一起的大楠树，伸出龙爪似的粗根，紧紧抓住一块足有一人多高的四方岩石，盘根错节，树石浑然一体，因此被人们誉为"双楠箍石"，可谓"鬼斧神工"的杰作，这是树根自然美的典型代表。郑永泰也充分利用树根创造出优美的作品《鹿回头》，非常形象，如图 8-13 所示。

② 树干的自然美。在树木盆景的造型中，以树干的变化最为多彩丰富，其中一部分是自然形成的。有的树桩在一般人看来老木已经腐朽，当柴烧都不起火苗，简直就是一棵废树，但是在盆景爱好者看来，它却是难得的材料，通过精心雕琢就会成为难得的盆景作品。如应国平的《无题》，如图 8-14 所示。

当然，树干的自然美是多种多样的，其中最常见的是树干在自然条件下形成的不规则"S"形弯曲，或者树干的一部分已经腐朽，而另一部分却生机盎然地活着，它历尽沧桑，饱经风雨，竟能顽强地生存下来，它会给人以启发和教益。

图 8-13 鹿回头（郑永泰）

图 8-14 无题（应国平）

③ 枝叶的自然美。我们所说枝叶的自然美，更确切地说，应该是枝条与叶片所组成的枝叶外形美。在平原沃土中生长的树木，难以符合盆景造型对枝叶形态的要求。只有在荒山瘠地、山道路旁以及高山风口等处，由于樵夫砍伐、牲畜啃咬、人畜踩踏、风雨摧残等因素，才能使树木自然形成截干蓄枝、折枝去皮以及自然结顶等比较优美的形态。找到这种形态的树木，掘取回来培育成活之后，略经加工，就可成盆景。如《探海》之干弯曲下垂，枝叶曲折盘旋，如探海之蛟龙，如图 8-15 所示。

图 8-15　探海

8.3.2　艺术美

（1）山水盆景的艺术美

制作山水盆景的材料，虽然取材于自然山石及草木，但它并不是自然界山石草木的模仿及照搬。由于自然界的美多是分散的，不典型的，它不能满足人们欣赏的需要。人们在欣赏自然景色时，有时会感到它缺了点什么，有时又感到它多了点什么。这一多一少就是自然形态的美中不足。在设计山水盆景时，就要运用"缩地千里""缩龙成寸""有疏有密""繁中求简""对比烘托"等艺术手法，将自然界中的山水树木进行高度地概括和升华，使之取于自然而又高于自然。在制作时也是如此，即使选到一块自然形态较好的岩石，也不可能完全具备制作盆景所需要的形态、气质以及纹理。所以盆景艺术家在创作过程中，既要充分体现岩石的自然美，又要依据立意对岩石进行加工，使其在不失自然美的前提之下，创造出比自然美更典型、更集中、更具有普遍意义的美。这种美就是艺术美。如果说自然界的山水是第一现实景观，那么经过艺术加工，集自然美和艺术美于一体的山水盆景，就是第二现实景观。它比第一现实景观更完美、更理想、更富有生活情趣，如郑永泰的《清溪渔话》，如图8-16所示。

（2）植物盆景的艺术美

与上述山水盆景艺术美的道理一样，植物盆景中的树木，虽然取材于自然界，但也不是照搬自然界中各种树木的自然形态，而是经过概括、提炼以及艺术加工，将若干树木之美艺术地集中于一棵树木身上，使这棵树木具有更普遍、更典型的美。比如树根，许多盆景爱好者模仿自然界生长于悬崖峭壁之上的树木，经过加工造型，有的抱石而生，有的悬根露爪，有的呈三足鼎立之势，有的把根编织成一定的艺术形态，有的呈盘根错节之状，真是千姿百态，美不胜收。

制作植物盆景的树木素材，有相当一部分是平淡无奇的或者只具有一定的美。然而盆景艺术家根据树木特点，因势利导，因材施艺，经过巧妙加工，即能制成具有观赏价值的作品。有的盆景艺术家，抓住树木弯曲飘荡的姿态，加以概括和提炼，制作成悬崖式树木盆

图 8-16 清溪渔话（郑永泰）

景。观看这种树木盆景，会给人以亲临其境的艺术感受，如周木采的《青龙瞰千嶂》，如图8-17 所示。

图 8-17 青龙瞰千嶂（周木采）

8.3.3 整体美

这里所讲盆景的整体美，指的是一景、二盆、三架、四名，这四要素浑然一体的美。在四要素当中，以景物美为核心，但美的景致必须要有大小、款式、高低、深浅适合的盆钵及几架，以及高雅的命名，才能够成为一件完整的艺术品。

（1）景物

景物指的是盆景中的山石或树木。景物美是整体美中最重要的部分。比如山石、树木形态不美，观赏价值低或没有什么观赏价值，几架、盆钵、命名再好，也称不上是一件上乘佳品。关于景物的美，前面已经讲过，这里不再赘述。

（2）盆钵

一件上乘景物，若没有与之协调的盆钵相配，则这件作品也是不够品位的。比如一个人，穿一身得体西服，但脚上却穿了一双草鞋，这个人的形象便不言而喻了。景、盆匹配，其大小、色泽、款式是否协调是非常重要的。此外，还要注意盆的质地，上乘桩景作品常配以优质紫砂盆或者古釉陶盆，这样的匹配才是恰当的。

（3）几架

上乘几架其本身就是具有观赏价值的艺术品，评价一件盆景的优劣，与几架的样式、大小、高低、工艺是否精致是分不开的。除几架本身的质量外，更重要的是同景物、盆钵是否协调，浑然形成一体。比如悬崖式盆景作品《吟云》，神形兼备，枯荣与共，利干与神枝一应俱全，是一件具有很高观赏价值的作品。按照常规悬崖式盆景应栽种在签筒盆中，而创作者却用了一个中等深度的圆形盆，为了更好展示下垂神枝风姿，创作者选用一个高脚几架，这个几架在该件作品中的作用非同小可，是该盆景完整美的重要组成部分，如图 8-18 所示。

（4）名称的点缀

一件上乘的盆景作品，若没有诗情画意和贴切的命名，这件作品的美也是不完整的。命名好可以起到画龙点睛的作用。如何国军的《一览众山小》，如图 8-19 所示。

图 8-18　吟云（韩学年）　　　　图 8-19　一览众山小（何国军）

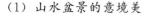

8.3.4 意境美

（1）山水盆景的意境美

意境是盆景艺术作品的情景交融，并同欣赏者的情感、知识相互沟通时所产生的一种艺术境界。欣赏优秀的山水盆景作品，使人有"一峰则太华千寻""一勺则江湖万里"之感，这种感触、联想以及想象，即为意境。盆景的意境是内在的、含蓄的，只有具备一定欣赏能力的人才能体味到其中之美。同时人们对盆景的审美观也是会随着时代的发展而不断变化的。

作为一种特殊的艺术品，盆景不但要具有自然美和艺术美。更主要的是要表现出深邃的意境美。使景中有情，情中有景，情景交融，给人以内心的艺术享受，从而达到景有尽而意无穷的境地。盆景作品追求的最高标准，必须是也只能是作品内在的意境美，在欣赏中最主要的也是欣赏盆景的意境美，一件盆景作品，意境的好坏是评价其优劣的主要标准。

在山水盆景创作中，最难表现的就是意境美。盆景的意境主要是借助造型来体现的。造型就是构图，比如安排峰峦的位置，通过"咫尺千里""小中见大"等艺术手法，来创作盆景的意境，如图8-20所示。意境的深浅并不取决于峰峦的多少或者盆景的大小。有的山水盆景虽不大，峰峦不多，但其意境却很深。

图 8-20　巴山烟雨（仲济南）

（2）植物盆景的意境美

对树木盆景意境美的欣赏，是借助树木的外形来领会其蕴含的神韵，神韵也就是盆景的意境。比如直干式树木盆景，主干挺拔而直立，树干虽不高，却有顶天立地之气势，以象征正人君子之风度。再如连根式树木盆景，乍一看好似几株树木生长在一盆之中，仔细再看，其下部还有一条根将几棵树木连在一起。通过观察这一树木外观，可以启发观赏者的许多灵感。比如有的观赏者可能会想到兄弟本是一母所生，应相互团结和睦、情同手足；又似父或母带着子女，如图 8-21 所示。树木盆景不仅根和干要体现意境美，枝叶也要体现意境美。

图 8-21　树桩盆景的意境美

8.3.5　盆景实例欣赏（图 8-22～图 8-38）

图 8-22　盘根错节

图 8-23 枯木逢春

图 8-24 雄风

图 8-25　探

图 8-26　笑迎天下客

图 8-27 松韵

图 8-28 步步高

图 8-29 苏醒（柯成昆）

图 8-30 雄姿飘逸（洪志愿）

图 8-31　咬定青山不放松

图 8-32　同舟共济

图 8-33　幽谷松风

图 8-34　共享自然（郑永泰）

图 8-35　雄狮

图 8-36　深谷翠柏

图 8-37　振翅欲飞

图 8-38　微型组合盆景（倪易乐）

━━━━━━ 思考题 ━━━━━━

1. 盆景的命名方法有哪些？
2. 盆景命名时应注意什么？
3. 从哪些方面赏析盆景？

参考文献

[1] 韦金笙，赵庆泉．中国水旱盆景．上海：上海科学技术出版社，2008．

[2] 张苏丹，胡秀良．插花与盆景制作．北京：中国农业大学出版社，2012．

[3] 石万钦，马文其．现代盆景制作与赏析．北京：中国林业出版社，2013．

[4] 彭春生，李淑萍．盆景学．北京：中国林业出版社，2002．

[5] 孙霞．盆景制作与赏析．第2版．上海：上海交通大学出版社，2011．

[6] 王立新．插花与盆景．北京：高等教育出版社，2009．

[7] 马文其．图说树石盆景制作与欣赏．北京：金盾出版社，2008．

[8] 高生宝．中国现代盆景造型与欣赏．北京：新世纪出版社，2014．

[9] 汪彝鼎．图解山水盆景制作与养护．福州：福建科学技术出版社，2013．

[10] 仲济南．山水盆景制作技法．合肥：安徽科学技术出版社。2011．

[11] 中山一．盆栽世界．新企划出版局，1992．

[12] 大西勝人．近代盆栽增刊号——盆栽整姿剪定ブッケ．京都：近代出版．平成4年3月号．

[13] 杜援朝，韩学年，盆景艺术欣赏．盆景艺术在线，http：//bbs.cnpenjing.com/thread-26576-1-1.html．

[14] 耐翁，洪志原，倪易乐，陈有鹏，柯成昆，何国军，施泽森，周木采等．闽南园艺网，http：//www.xm-pjhh.cn．

[15] 月涌．盆景大师作品赏析——郑永寿．中国风景园林网，httn：//www.chla.com.cn/htm/2012/1015/143417.html．

[16] 雪窦松．师法自然，意匠生辉——"中国盆景艺术大师"应国平先生盆景艺术佳作鉴赏．http：//blog.tw.ifeng.com/article/32918569.html．

[17] 赵一喆，马建建．玩转盆景．北京：化学工业出版社，2019．

[18] 蔡建国．盆景制作知识200问．杭州：浙江大学出版社，2016．

[19] 彼得·沃伦．盆景之书：图解盆景鉴赏·制作·养护技巧．王保令，强晓晓译．武汉：华中科技大学出版社，2019．

[20] 赖娜娜，林鸿鑫．盆景制作与赏析．北京：中国林业出版社，2019．

［21］ 史佩元. 盆景造型创意与艺术欣赏. 北京：中国林业出版社，2017.

［22］ 韦金笙. 中国盆景制作技术手册：第 2 版. 上海：上海科学技术出版社，2018.

［23］ 吴诗华，汪传龙. 树木盆景制作技法. 合肥：安徽科学技术出版社，2011.

［24］ 黄翔. 图解树木盆景制作与养护. 福州：福建科技出版社，2013.